普通高等教育"十三五"规划教材

无机与分析化学实验

主编 高敏 胡敏 和玲

西安交通大学出版社
XI'AN JIAOTONG UNIVERSITY PRESS

图书在版编目(CIP)数据

无机与分析化学实验/高敏,胡敏,和玲主编.—西安:
西安交通大学出版社,2015.9(2021.6 重印)
ISBN 978-7-5605-7730-2

Ⅰ.①无… Ⅱ.①高… ②胡… ③和… Ⅲ.①无机化
学-化学实验-高等学校-教材②分析化学-化学实验-
高等学校-教材 Ⅳ.①O61-33②O652.1

中国版本图书馆 CIP 数据核字(2015)第 181174 号

书　　名	无机与分析化学实验
主　　编	高　敏　胡　敏　和　玲
策　　划	张　梁
责任编辑	张卓磊　张　梁

出版发行	西安交通大学出版社
	(西安市兴庆南路 1 号　邮政编码 710048)
网　　址	http://www.xjtupress.com
电　　话	(029)82668357　82667874(发行中心)
	(029)82668315(总编办)
传　　真	(029)82668280
印　　刷	西安日报社印务中心

开　　本	727mm×960mm　1/16　**印张** 13.5　**彩页** 1　**字数** 248 千字
版次印次	2015 年 12 月第 1 版　2021 年 6 月第 4 次印刷
书　　号	ISBN 978-7-5605-7730-2
定　　价	30.00 元

读者购书、书店添货,如发现印装质量问题,请与本社发行中心联系、调换。
订购热线:(029)82665248　(029)82665249
投稿热线:(029)82665127
读者信箱:lg_book@163.com

Foreword 前 言

在高等学校化学课程的教学中,实验教学占有非常重要的地位。实验教学可以使学生更好地理解理论教学内容,提高学生发现问题、分析问题、解决问题的能力,养成严谨、求实、认真的科学态度,同时也是培养学生创新意识、创新精神和创新能力的重要环节。

《无机与分析化学实验》是根据化学、材料、生物、环境、化工、能源等专业的化学课程需要而编写的配套实验教材,也可供其他专业的学生和教师参考。

本书按照绪论、仪器和基本操作、实验数据处理、无机化学实验、分析化学实验的顺序编写,实验知识与技能由浅入深、循序渐进。除了实验操作和技能的训练、化学基本原理的验证、常见元素和化合物的性质、无机物的制备和提纯、基础定量分析实验外,还编写了综合、设计实验,增加了一些与教师自身科研相关的研究性、拓展性实验。对于一些相同的理论基础,分别编写了不同的实验内容,以便不同学校、不同专业的教师和学生根据实际情况自由选取。

本书第1、2、3、5章以及附录由高敏编写,第4章由胡敏编写,化学实验中心高培红老师参与提供和核对相关实验数据,无机化学实验中基础实验的实验六、七由张雯老师编写。编者力求使本书具有较高的科学性和系统性,同时又不乏鲜明的时代性,以及与实际生活紧密相关的趣味性。

全书由和玲教授精心审阅并提出宝贵的修改意见。

感谢西安交通大学教务处、化学系等领导和同事的热心帮助和支持!

由于编者水平有限,书中存在的不足在所难免,敬请广大读者批评指正。

编 者

2015 年 5 月于西安交通大学

Contents 目 录

第 1 章　绪论 …………………………………………………………………（001）

1.1　无机及分析化学实验的教学目的 …………………………………（001）

1.2　无机及分析化学实验的学习方法 …………………………………（001）

1.3　实验室规则 …………………………………………………………（002）

1.4　实验室安全知识 ……………………………………………………（002）

1.5　实验室中意外事故的处理 …………………………………………（003）

1.6　实验室三废的处理 …………………………………………………（004）

第 2 章　无机及分析化学实验的基本操作 ………………………………（005）

2.1　无机及分析化学实验常用仪器介绍 ………………………………（005）

2.2　玻璃仪器的洗涤和干燥 ……………………………………………（012）

　　2.2.1　玻璃仪器的洗涤 ……………………………………………（012）

　　2.2.2　玻璃仪器的干燥 ……………………………………………（013）

2.3　化学试剂的存放和取用 ……………………………………………（013）

　　2.3.1　化学试剂的等级 ……………………………………………（013）

　　2.3.2　化学试剂的存放 ……………………………………………（014）

　　2.3.3　固态试剂的取用 ……………………………………………（014）

　　2.3.4　液态试剂的取用 ……………………………………………（015）

2.4　试纸的使用 …………………………………………………………（016）

　　2.4.1　pH 试纸 ………………………………………………………（017）

　　2.4.2　石蕊试纸 ……………………………………………………（017）

　　2.4.3　醋酸铅试纸 …………………………………………………（017）

　　2.4.4　碘化钾-淀粉试纸 ……………………………………………（017）

2.5　加热装置和加热方法 ………………………………………………（018）

　　2.5.1　加热装置 ……………………………………………………（018）

　　2.5.2　加热方法 ……………………………………………………（020）

2.6　蒸发和浓缩 ……………………………………………………（022）

2.7　结晶和重结晶 …………………………………………………（022）

2.8　固液分离 ………………………………………………………（023）

　　2.8.1　倾析法 …………………………………………………（023）

　　2.8.2　过滤法 …………………………………………………（023）

　　2.8.3　离心分离 ………………………………………………（026）

2.9　称量 ……………………………………………………………（026）

　　2.9.1　天平的种类 ……………………………………………（026）

　　2.9.2　称量方法 ………………………………………………（029）

2.10　滴定分析仪器和基本操作 …………………………………（029）

　　2.10.1　移液管及其使用 ………………………………………（029）

　　2.10.2　容量瓶及其使用 ………………………………………（031）

　　2.10.3　滴定管 …………………………………………………（032）

2.11　酸度计 ………………………………………………………（035）

2.12　可见分光光度计 ……………………………………………（035）

第3章　实验数据的正确表达和处理 ………………………………（038）

3.1　有效数字及其运算规则 ………………………………………（038）

3.2　预习报告 ………………………………………………………（040）

3.3　原始记录 ………………………………………………………（040）

3.4　实验数据处理的表达方法 ……………………………………（040）

3.5　实验报告 ………………………………………………………（041）

第4章　无机化学实验 ………………………………………………（046）

第一部分　基础实验 ………………………………………………（046）

实验一　仪器的认领、洗涤和天平的使用 ………………………（046）

实验二　玻璃棒、滴管的制作 ……………………………………（049）

实验三　化学反应速率与活化能的测定 …………………………（053）

实验四　解离平衡 …………………………………………………（058）

实验五　沉淀反应 …………………………………………………（062）

实验六　碘化铅溶度积常数的测定 ………………………………（065）

实验七　氧化还原反应 ……………………………………………（068）

实验八　硼、碳、硅 ………………………………………………（071）

实验九　水热法制备纳米二氧化硅 ………………………………（074）

实验十　玻璃片的刻蚀 ·· (077)

实验十一　氮、磷、氧、硫 ·· (080)

实验十二　卤　素 ·· (084)

实验十三　铁、钴、镍 ·· (087)

实验十四　青铜合金的制备 ·· (092)

实验十五　铬、锰及其化合物 ··· (096)

实验十六　无水四氯化锡的制备(微型实验) ······················ (100)

第二部分　设计及综合性实验 ·· (102)

实验一　铬配合物的制备及分光化学序测定 ························· (102)

实验二　硫酸铜晶体的制备及硫酸铜中结晶水测试 ················ (106)

实验三　硫酸亚铁铵的制备 ·· (110)

实验四　纳米二氧化钛粉的制备及其光催化活性测试 ············· (115)

实验五　草酸合铁酸钾的制备及表征 ································· (119)

实验六　常见阴离子的分离与鉴定 ··································· (123)

实验七　铝合金表面图形化 ·· (128)

第5章　分析化学试验 ·· (132)

第一部分　基础实验 ·· (132)

实验一　滴定管、容量瓶和移液管的使用和校准练习 ············· (132)

实验二　酸碱标准溶液的配制和标定 ································· (136)

实验三　水中碱度的测定 ··· (140)

实验四　EDTA 标准溶液的配制和标定 ······························ (143)

实验五　水的硬度测定 ·· (147)

实验六　高锰酸钾标准溶液的配制和标定 ··························· (151)

实验七　过氧化氢含量的测定(高锰酸钾法) ······················ (154)

实验八　水中化学耗氧量(COD)的测定 ····························· (156)

实验九　碘和硫代硫酸钠溶液的配制与标定 ························· (160)

实验十　硫酸铜中铜含量的测定 ······································ (162)

实验十一　维生素 C 含量的测定 ····································· (164)

实验十二　邻二氮菲分光光度法测定微量铁 ························ (166)

实验十三　吸光光度法测定水和废水中总磷 ························ (171)

实验十四　食盐中碘含量的测定——分光光度法 ··················· (174)

实验十五　紫外可见分光光度法测定人发中的微量铝 ············· (176)

  实验十六 氯化钠与碘化钠混合物的电位连续滴定 ················ (179)

  实验十七 电位滴定法测定啤酒总酸 ······························ (181)

 第二部分 综合和设计实验 ··· (183)

  实验一 食用醋中 HAc 含量的测定 ······················· (183)

  实验二 蛋壳中 Ca、Mg 含量的测定 ····················· (185)

  实验三 漂白粉中有效氯的测定 ······························ (190)

  实验四 洗衣粉中含磷量与碱度的测定 ··················· (191)

  实验五 应用配位滴定的设计实验 ························· (192)

  实验六 应用氧化还原滴定的设计实验 ··················· (193)

  实验七 含铬工业废水的处理以及水质检测 ············· (194)

  实验八 氮肥中氮含量的测定 ······························ (195)

附 录 ··· (196)

 附录 1 国际原子量表 ·· (196)

 附录 2 一些化合物的相对分子质量 ························ (198)

 附录 3 酸、碱的解离常数(298.15 K) ························ (200)

 附录 4 常见难溶化合物的溶度积常数(298.15 K) ········ (201)

 附录 5 配合物的标准稳定常数(298.15 K) ················ (202)

 附录 6 标准电极电势(298.15 K) ··························· (203)

 附录 7 常用的化学网址 ··· (207)

参考文献 ··· (208)

第1章 绪论

1.1 无机及分析化学实验的教学目的

化学是一门以实验为基础的学科,化学实验是化学教学中不可缺少的重要组成部分。无机与分析化学实验是化学、材料、生物、环境、化工、能源等专业必修的基础化学实验。开设这门课程的主要目的是:

(1)实验——使学生获得感性认识,巩固和加深学生对基本理论知识的理解;

(2)训练——使学生掌握无机化学以及分析化学的基本操作技能;

(3)观察和分析实验现象——提高学生观察、分析和发现问题的能力;

(4)分析和处理实验数据——培养学生严格、认真和实事求是的科学态度,使学生具有一定的收集和处理化学信息的能力、分析和解决较复杂问题的实践能力、文字表达实验结果的能力以及团队协作能力,为后续课程的学习打好基础。

1.2 无机及分析化学实验的学习方法

为了完成实验任务,达到上述教学目的,除了端正的学习态度,还要有良好的学习方法。化学实验课一般有四个环节:

1.重视课前预习

实验前,要认真进行课前预习,了解实验的目的和要求,理解实验原理,熟悉操作步骤和注意事项,写出简明扼要的预习报告,设计实验要写出具体的方案。

2.积极参与讨论

实验前,指导教师会对实验原理及实验内容进行讲解,播放规范的操作录像或者进行操作演示,强调实验中要注意的问题。指导教师会有针对性地提出问题并展开讨论,学生要认真听讲,并积极参加课堂讨论。

3.认真实验

在实验教师的指导下,根据实验教材提示的实验方法和步骤进行实验。如有疑问,及时与实验老师讨论,并修订实验方案。

实验中观察到的现象、测定的数据要及时、如实记录在实验记录本上,不得随意修改。对一些基本的实验操作,要反复练习,做到规范、熟练。

4.独立书写实验报告

做完实验后,要及时写出实验报告。实验报告是实验的总结,其内容一般包括:实验目的、实验原理、实验步骤、实验现象或数据记录、现象解释或数据处理、实验结果讨论等。

1.3 实验室规则

实验室规则是人们在长期实验工作中总结出来的,它是防止意外事故发生、保证正常实验秩序的前提,要求每个学生都必须遵守。

(1)实验前认真预习,熟悉实验原理和步骤。

(2)实验中认真观察、记录现象,按照要求进行操作,保持实验室安静。

(3)遵守实验室的各项制度。爱护仪器,节约试剂、水、电。

(4)听从教师和实验室工作人员的指导,严禁在实验室内饮食。

(5)实验完毕,将仪器洗净,把实验桌面整理好。洗手后,离开实验室。

(6)值日生负责实验室的清理工作,离开实验室时检查水闸、电闸是否关好。

(7)及时完成实验报告。

1.4 实验室安全知识

在进行化学实验时,经常会使用到水、电、煤气和各种化学试剂。如果马马虎虎、不遵守操作规程,就会造成不必要的损失,甚至引发事故。因此,熟悉一些实验室安全知识是很有必要的。

(1)充分熟悉水、电及气阀门以及急救箱和消防用品的的位置。要按时参加实验,不能迟到早退。

(2)禁止在实验室饮食、吸烟、嚼口香糖等。实验时,要身穿实验服(鞋子不能露出脚趾),必要时戴手套和防护眼镜。

(3)长头发要束起来,以免实验时掉入反应器中。

(4)使用易挥发或易燃物质时,要远离火焰。

(5)使用电器设备时,不要用湿手接触插销,以防触电,用后拔下电源插头。

(6)使用任何仪器之前,要仔细阅读说明书,并且按照规范操作。在不了解化学试剂性质时,要首先了解它们的性质。严禁将试剂任意混合,以免发生意外事故。注意各种试剂的瓶盖、瓶塞不能搞混。

(7)加热浓缩液体时要小心,不能俯视正在加热的液体,以免液体溅出伤人。

加热试管中的液体时,不能将试管口对着自己或者他人。

(8)在闻瓶中气体时,鼻子不能直接对着瓶口,而应用手把少量气体轻轻扇向自己的鼻孔。

(9)制备一切有刺激性的、恶臭的、有毒的气体,以及加热或蒸发盐酸、硝酸、硫酸,都应该在通风橱内进行。

(10)有毒试剂,如重铬酸钾、氰化物、砷盐、锑盐、汞盐、镉盐等,不得入口或接触伤口。使用后,不能随便倒入下水道,要回收或者加以特殊处理。

(11)使用浓酸、浓碱等具有强腐蚀性的试剂时,不要洒在皮肤或衣物上。稀释浓硫酸时,应将浓硫酸慢慢注入水中,并不断搅拌,切勿将水注入浓硫酸中,以免局部过热,引起灼伤。

(12)在实验室里,不要使用任何电子产品(如手机、平板电脑等)。这些物品分散你在实验中的注意力,也会干扰其他人。

1.5 实验室中意外事故的处理

一旦发生意外事故,一定不要慌张。要根据实际情况,采取必要的救护措施:

(1)起火:物质燃烧需要空气和一定的温度,因此通过降温或者将燃烧的物质与空气隔绝,便能达到灭火的目的。一般的小火可以用湿布、石棉布或者细沙土灭火,火势大时要使用合适的灭火器;如果是电气设备起火,应立即切断电源,并用四氯化碳、干粉灭火器等灭火;如果是有机溶剂着火,不可用水灭火;实验人员衣服着火,应赶紧脱下衣服或者就地打滚,切勿乱跑。

实验前,要熟悉实验室里灭火器的摆放位置。不同的灭火器有不同的应用范围,因此要根据情况采取适当的灭火方法。表1-1给出了常见灭火器及其使用范围。

表1-1 灭火器的种类及其应用范围

灭火器名称	应 用 范 围
泡沫灭火器	用于油类着火。这种灭火器由 $NaHCO_3$ 与 $Al_2(SO_4)_3$ 溶液作用产生 $Al(OH)_3$ 和 CO_2 泡沫,泡沫把燃烧物质包住,与空气隔绝而灭火。因泡沫能导电,不能用于扑灭电器着火
二氧化碳灭火器	内装液态 CO_2,用于扑灭电器设备失火和小范围油类及忌水的化学品着火

灭火器名称	应 用 范 围
1211 灭火器	内装 CF_2ClBr 液化气,适用于油类、有机溶剂、精密仪器、高压电器设备着火
干粉灭火器	这种灭火器内装 $NaHCO_3$ 等盐类物质与适量的润滑剂和防潮剂,用于油类、可燃气体、电器设备、精密仪器、图书文件等不能用水扑灭的火焰
四氯化碳灭火器	内装液态 CCl_4,用于电器设备和小范围的汽油、丙酮等的着火,不能用于活泼金属失火(如金属钠、钾等)
酸碱灭火器	内装硫酸或者碳酸氢钠,用于非油类和电器起火引起的初期火灾

(2)割伤:先挑出伤口的异物,涂上红药水或创可贴,必要时送医院处理。

(3)烫伤:切勿用水冲洗,不要把烫的水泡挑破,可在烫伤处涂上烫伤膏,必要时送医院救治。

(4)强酸腐蚀性烧伤:立刻用大量水冲洗,并用饱和碳酸氢钠溶液或稀氨水冲洗。如酸溅入眼中,先用大量的水冲洗,再立即送医院。

(5)强碱腐蚀性烧伤:立刻用水长时间冲洗,再用醋酸溶液(20g/L)或硼酸溶液冲洗。如溅入眼中,用大量的水冲洗后立即送医院。

(6)触电:立即切断电源,对呼吸、心跳骤停者,立刻进行人工呼吸。

(7)吸入溴蒸气、氯气、氯化氢气体后,可吸入少量酒精和乙醚混合蒸气。

1.6　实验室三废的处理

实验中会产生各种各样的废气、废液和废渣。"三废"不仅污染环境,而且造成不必要的浪费。因此,处理好三废是很重要的。

(1)废气:试验中产生的有毒气体,可在通风橱中进行,通过排风设备将少量有毒气体排到室外,以免污染室内空气。对于毒气量较大的实验,必须有吸收或者处理装置。

(2)废液:废酸和废碱溶液经过中和处理后,用大量的水稀释后方可排放。少量的洗液可加入废碱液或者石灰使其生成氢氧化铬沉淀,将废渣埋于地下。含铅和重金属的废液,可加入硫化钠或者氢氧化钠,使铅盐以及重金属离子生成难溶的硫化物(或氢氧化物)而除去。含有砷的废液,可加入硫酸亚铁,然后用氢氧化钠调节 pH 到9,这时砷化物就和氢氧化铁与难溶的亚砷酸钠或者砷酸钠产生共沉淀,经过滤除去;也可以加入硫化钠或者硫化氢,使其生成沉淀而除去。

(3)废渣:少量的有毒废渣可埋于地下。

第2章 无机及分析化学实验的基本操作

2.1 无机及分析化学实验常用仪器介绍

表 2-1 常用的实验仪器

仪 器	用 途	注意事项
试管 离心试管 试管架	用作少量试液的反应容器,便于操作和观察 离心试管还可用于定性分析中的沉淀分离 试管架用于放置试管	加热后不能骤冷,以免试管破裂 盛放的试液体积不得超过试管的 1/3~1/2
试管夹	用于夹拿试管	防止烧损(竹质的)或锈蚀(金属的)
烧杯	用于盛放试剂、配制、煮沸、蒸发、浓缩溶液,或者用作反应器	加热时放在石棉网上
锥形瓶	常用于滴定操作的反应容器	加热时放在石棉网上

仪 器	用 途	注意事项
碘量瓶	有 100 mL、250 mL 等规格,用于碘量法	
滴瓶	用于盛放液体	不能长期盛放浓碱液,滴瓶上的滴管不能混用
点滴板	白色瓷板,按凹穴数目分为十二穴、九穴、六穴等,用于点滴反应,尤其是显色反应	
洗瓶	塑料瓶,多为 500 mL,内装蒸馏水或者去离子水,用于洗涤沉淀和容器时用	
细口瓶　广口瓶	细口试剂瓶用于盛放液体试剂 广口试剂瓶用于盛放固体试剂	不得受热

仪　器	用　途	注意事项
量筒	用于量取一定体积的液体	不能受热
酒精灯	主要有 150 mL、250 mL 等规格,是常用的加热器具	
移液管	用于准确量取一定体积的液体	不能受热
酸式滴定管　碱式滴定管　滴定管	分为碱式和酸式、无色和棕色,通常有 25 mL、50 mL 等规格 　碱式滴定管用于盛放碱性液体;酸式滴定管用于盛放酸性液体	注意:滴定管不能受热

第 2 章　无机及分析化学实验的基本操作

仪　器	用　途	注意事项
容量瓶	用于配制准确浓度的溶液	不能受热
干燥器	用于干燥或保存干燥剂	不得放入过热物品
研钵	用于研磨固体试剂	不能用火直接加热
药勺	取用固体试剂	取不同的试剂不能混用
称量瓶	用于准确称取固体	不能直接用火加热

仪 器	用 途	注意事项
长颈漏斗　　漏斗	用于过滤	不得用火加热
蒸发皿	用于蒸发液体或溶液	忌骤冷、骤热
分液漏斗	用于分离互不相溶的液体也可用作发生气体装置中的加液漏斗	不得用火加热
吸滤瓶　　布氏漏斗	用于减压过滤	不得用火加热
平底烧瓶　　圆底烧瓶	可作为长时间加热的反应容器	加热时应放在石棉网上

仪　器	用　途	注意事项
蒸馏烧瓶	用于液体蒸馏,也可用于制取少量气体	加热时应放在石棉网上
坩埚	用于灼烧试剂	忌骤冷、骤热
毛刷	洗刷玻璃仪器	小心刷子顶端的铁丝撞破玻璃仪器
表面皿	盖在烧杯上	不得用火加热
燃烧匙	用于燃烧物质	
泥三角	用于承放加热的坩埚和小蒸发皿	

仪　器	用　途	注意事项
石棉网	加热玻璃反应容器时垫在容器底部,能使加热均匀	不能与水接触,以免铁丝锈蚀
三角架	铁制品,放置较大或较重的加热容器	
温度计	用于测量物体的温度。常用的温度计分为水银温度计和酒精温度计两种。温度计有不同的精度和不同的量程,如 0～100 ℃、0～360 ℃等,精度有 0.1 ℃、0.2 ℃等	温度计不能当作搅拌棒使用;温度计在使用时,要轻拿轻放;不能骤冷骤热,以免外壳玻璃因受热不均而破裂
铁架台	用于固定	先将铁夹等升至合适高度并旋转螺丝,使之牢固后再进行实验

第 2 章　无机及分析化学实验的基本操作

仪 器	用 途	注意事项
密度计	用于测定液体的相对密度。有轻表和重表两种:轻表用于测密度小于 1 g/mL 的液体的密度;重表用于测量密度大于 1 g/mL 的液体的密度。	

2.2　玻璃仪器的洗涤和干燥

2.2.1　玻璃仪器的洗涤

化学实验中常常用到各种玻璃仪器。这些仪器是否干净,常常影响实验结果的准确性,所以一定保证实验所用的玻璃器皿是清洁的。针对玻璃仪器的特性和玻璃仪器上污物的不同,可以采用不同的洗涤方法。

(1)用水刷洗:可以洗去玻璃仪器上的可溶性物质、附着在仪器上的尘土等。

(2)用洗涤剂洗:能除去仪器上的油污或者有机物。常用的洗涤剂有去污粉、肥皂、合成洗涤剂等。

(3)用浓盐酸洗:可以洗去附着在器壁上的氧化剂,如二氧化锰。

(4)用铬酸洗液:铬酸洗液有强酸性和强氧化性,去污能力强,适用于洗涤油污及有机物。

铬酸洗液的配制方法:将 25 g 研细的工业 $K_2Cr_2O_7$ 加入到温热的 50 mL 水中,然后将 450 mL 浓硫酸慢慢加入到溶液中。边加热边搅动,冷却后储于细口瓶中。

铬酸洗液的使用方法为:使用前,先将玻璃器皿用水或洗涤剂洗刷一遍;随后,尽量把器皿内的水去掉,以免冲稀洗液;将洗液小心倒入器皿中,慢慢转动器皿,使洗液充分润湿器皿的内壁或者浸泡一段时间;用毕将洗液倒回原瓶内,以便重复使用。

洗液有强腐蚀性,会灼伤皮肤和损坏衣服,使用时最好带橡皮手套和防护镜。万一溅在衣物、皮肤上,要立即用大量水冲洗。

当洗液颜色变成绿色时,洗涤效能下降,应重新配制。

(4)特殊试剂:①含 $KMnO_4$ 的 $NaOH$ 水溶液:该溶液适用于洗涤油污及有机物。洗后在玻璃器皿上留下 MnO_2 沉淀,可用浓 HCl 或 Na_2SO_3 溶液将其洗掉。②盐酸-酒精(1:2)洗涤液:适用于洗涤被有机试剂染色的比色皿。

用以上方法洗涤后的仪器,经自来水冲洗后,还残留有 Ca^{2+}、Mg^{2+} 等离子,如需除掉这些离子,还应用去离子水洗 2～3 次,每次用水量一般为所洗涤仪器体积的 $1/4$ ～$1/3$。

玻璃仪器洗净后器壁应能被水润湿,无水珠附着在上面。如果局部挂水珠或者有水流拐弯,则表示仪器没洗干净,要重新洗涤。

2.2.2　玻璃仪器的干燥

洗净的玻璃仪器如需干燥,可根据实际情况选用以下方法:

晾干:对干燥程度要求不高又不急用的仪器,可以自然晾干。

吹干:急需干燥的仪器,可以用吹风机或者"气流烘干机"吹干。

烘干:可以耐受高温烘烤的仪器可以烘干,通常用烘箱。

用有机溶剂干燥:因为加热会影响仪器的精度,带有刻度的仪器不能加热,所以用易挥发的有机溶剂干燥,如丙酮、酒精等。

2.3　化学试剂的存放和取用

2.3.1　化学试剂的等级

化学试剂的纯度对实验结果影响很大,要根据实际情况选择合适的等级。根据纯度和杂质含量,化学试剂可以分为五级。化学试剂的级别和应用范围见表 2-2。

表 2-2　化学试剂的级别和应用范围

级别	中文名称	英文及其符号	标签颜色	应用范围
一级	优级纯	Guarantee Reagent (GR)	绿色	适用于精密的分析研究及实验
二级	分析纯	Analytical Reagent (AR)	红色	适用于多数分析研究及实验

级别	中文名称	英文及其符号	标签颜色	应用范围
三级	化学纯	Chemical Pure (CP)	蓝色	适用于一般的化学实验和教学
四级	实验试剂	Labortory Reagent (LR)	棕色或者黄色	工业或化学制备
五级	生物试剂	Biological Reagent (BR)	咖啡色或玫瑰红	生物及医化实验

2.3.2　化学试剂的存放

固体试剂一般存放在广口瓶中,液体试剂一般存放在细口试剂瓶中。一些用量小而使用频繁的试剂,如指示剂等,一般盛放在滴瓶中。见光容易分解的试剂应该盛放在棕色瓶中。易腐蚀玻璃的试剂则存放于塑料瓶中。

对于易燃、易爆、强腐蚀性、强氧化性以及剧毒品的存放应该特别注意,一般要求按照分类单独存放。

试剂瓶的瓶塞一般都是磨口的,但是,盛放强碱的试剂瓶以及盛放偏硅酸钠溶液的试剂瓶应该用橡皮塞,以免存放时间久了发生粘连。盛放试剂的试剂瓶都应该贴上标签,并写明试剂的名称、纯度、浓度和配制日期,标签外面应涂蜡或者用透明胶带保护。

2.3.3　固态试剂的取用

固态试剂取用前,要看清试剂瓶上的标签,以免取错。

取用时,先打开瓶塞,将瓶塞倒放在实验台上。试剂不能用手取用,固态试剂一般用清洁、干燥的药勺(牛角勺、不锈钢勺或者塑料勺)取用。药匙的两端分别为大小两个匙,可取用大量固体和少量固体。用过的药匙必须洗净擦干后才能再用。

试剂一旦取出,就不能再倒回原瓶,可将多余的试剂放入指定容器供他人使用。

对于粉末状的试剂,可以用药勺或者纸槽伸进倾斜的容器中,再使容器直立,让试剂直接落到容器的底部[图 2 - 1(a)和图 2 - 1(b)]。如果是块状的试剂,放入容器时,应先倾斜容器,把固体轻轻放在容器的内壁,让它慢慢地滑落到底部,避免容器被击破[图 2 - 1(c)];如果固体颗粒较大,应放在研钵中研碎后再取用。

具有腐蚀性、强氧化性或者易潮解的固体试剂应该放在表面皿上或者玻璃容器内称量。固体试剂一般放在干净的纸或者表面皿上称量。有毒试剂要在教师指导下按规定取用。

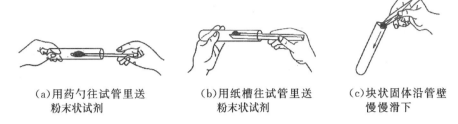

(a)用药勺往试管里送　　　(b)用纸槽往试管里送　　　(c)块状固体沿管壁
　粉末状试剂　　　　　　　粉末状试剂　　　　　　　慢慢滑下

图 2-1　试剂的取用

2.3.4　液态试剂的取用

取用液体试剂时,一般采用倾注法(图 2-2)。取液时,先取下瓶塞并将它倒放在桌上,手握试剂瓶,使标签面朝手心,逐渐倾斜瓶子,让液体试剂沿着瓶壁或者洁净的玻璃棒流入接收器中。倾出所需量后,将试剂瓶口在容器上靠一下,再逐渐竖起瓶子,以防遗留在瓶口的试液留到瓶外。

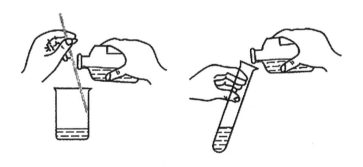

图 2-2　倾注法示意图

定量取液体试剂时,可以用量筒或者移液管。移液管的用法将在 2.9 节介绍。下面简单介绍量筒的用法。

量筒有 5、10、50、100 和 1000 mL 等规格,可以根据需要选取不同容量的量筒。使用时,一手拿量筒,一手拿试剂瓶,然后倒出所需用量的试剂。最后将瓶口在量筒上靠一下,再使试剂瓶竖直,以免留在瓶口

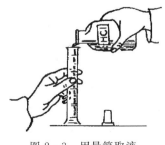

图 2-3　用量筒取液

的液滴流到瓶的外壁(图2-3)。

读取量筒中液体体积时,应使视线与量筒内液体的弯月面的最低处保持相平,偏高或者偏低都会造成误差(图2-4)。取用试剂要注意节约,多余的试剂不应倒回原试剂瓶中,有回收价值的,要倒入回收瓶中。

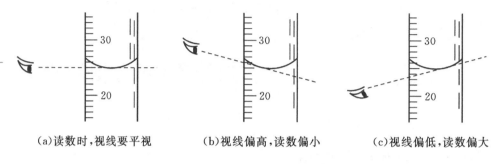

(a)读数时,视线要平视　　(b)视线偏高,读数偏小　　(c)视线偏低,读数偏大

图2-4　量筒的读数

取用少量试剂时常常用滴管。使用滴管时,先提起滴管,用手指紧捏滴管上部的橡皮胶头,赶走滴管中的空气。然后松开手指,将滴管伸入试剂瓶中吸入试液。取出滴管,将所取试液滴入试管等容器中如图2-5所示。注意:不能将滴管插入容器,以免触及器壁而玷污试剂。滴瓶上的滴管只能专用,不能和其它滴瓶上的滴管混用。滴瓶上的滴管用完后一定放回原瓶,不可随意乱放。装有试剂的滴管不能平放或者管口向上斜放,以免试剂倒流回橡皮胶头里。

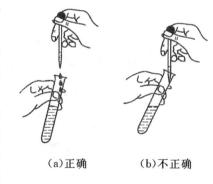

(a)正确　　　(b)不正确

图2-5　用滴管加入液体试剂

取用挥发性的试剂,如浓盐酸、溴等,应该在通风橱中进行,防止污染空气。取用剧毒或者强腐蚀性的试剂要注意安全,不要洒在手上,以免发生伤害事件。

2.4　试纸的使用

试纸是用于化学分析的检验化学试剂的纸张。商品试纸一般为卷状或者小条状,使用方便,操作简单。在实验室,经常使用试纸来定性检验溶液的酸碱性或者某些成分是否存在。试纸的种类很多,实验室经常用到的有石蕊试纸、pH试纸、醋酸铅试纸和碘化钾-淀粉试纸等。

2.4.1 pH 试纸

pH 试纸用于检验溶液的 pH，一般有两类。一类是广泛 pH 试纸，变色范围在 1～14，用于粗略检验溶液的 pH；另一类是精密 pH 试纸，这种试纸在 pH 变化较小时就有颜色的变化，可以用来较精确的检验溶液的 pH。精密试纸分为不同的测量区间，如 0.5～5.0、0.1～1.2、0.8～2.4 等。

使用时，可以先用广范试纸大致测出溶液的酸碱性，再用精密试纸进行精确测量。超过了测量的范围，精密 pH 试纸就无效了。

2.4.2 石蕊试纸

石蕊试纸分为红色石蕊试纸和蓝色石蕊试纸两种。红色石蕊试纸用于检验碱性溶液，蓝色石蕊试纸用于检验酸性溶液。

2.4.3 醋酸铅试纸

醋酸铅试纸用于定性检验化学反应过程中是否有 H_2S 气体产生。

这种试纸可以在实验室自制：在滤纸条上滴上数滴醋酸铅溶液，晾干即可。

当含有 S^{2-} 的溶液被酸化时，逸出的硫化氢气体遇到试纸后，即与试纸上的醋酸铅反应，生成黑色的硫化铅沉淀，使试纸呈黑褐色。

$$Pb(Ac)_2 + H_2S =\!\!=\!\!= PbS\downarrow + 2HAc$$

当溶液中 S^{2-} 浓度较小时，则不易检验出。

2.4.4 碘化钾-淀粉试纸

试纸在碘化钾-淀粉溶液中浸泡过，用来定性检验氧化性气体（如 Cl_2、Br_2 等）。使用时要先用蒸馏水润湿试纸，当氧化性气体遇到湿的试纸时，即溶于试纸上的水中，并将试纸上的 I^- 氧化为 I_2，其反应为

$$2I^- + Cl_2 =\!\!=\!\!= I_2 + 2Cl^-$$

生成的 I_2 立即与试纸上的淀粉作用，使试纸变蓝色。

如果气体氧化性强，而且浓度较大时，还可以进一步将 I_2 氧化成无色的 $IO_3{}^-$，使蓝色褪去，其反应为

$$I_2 + 5Cl_2 + 6H_2O =\!\!=\!\!= 2HIO_3 + 10HCl$$

因此，使用时必须仔细观察试纸颜色的变化，否则会得出错误的结论。

2.5 加热装置和加热方法

2.5.1 加热装置

加热是实验室常用的实验手段。实验室常用的加热装置有酒精灯、酒精喷灯、电炉和马弗炉等。

1. 酒精灯

酒精灯为玻璃制品,所用燃料为酒精。使用前,要修剪灯芯[图 2-6(a)]。如果需要往酒精灯内添加酒精,应把火焰熄灭,然后借助于漏斗把酒精加入灯内,加入酒精量不超过其容积的 2/3,如图 2-6(b)所示。绝对禁止向燃着的酒精灯里添加酒精,以免失火。

酒精灯要用火柴点燃[图 2-6(c)],不能用另外一个燃着的酒精灯来点火。否则会把灯内的酒精洒在外面,使大量酒精着火引起事故。

酒精灯不能长时间连续使用,以免火焰使酒精灯本身灼热,灯内酒精大量气化形成爆炸物混合物。酒精灯使用完毕后,必须用灯帽盖灭[图 2-6(d)],不可用嘴去吹灭。灯帽要盖严,以免酒精挥发。

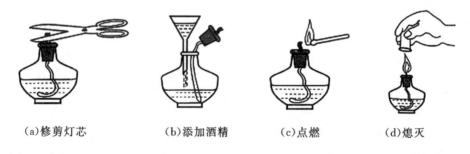

(a)修剪灯芯　　　　(b)添加酒精　　　　(c)点燃　　　　(d)熄灭

图 2-6　酒精灯的使用

2. 酒精喷灯

酒精喷灯有坐式和挂式两种。图 2-7 是一个坐式酒精喷灯的示意图。其主要操作步骤主要有以下几步(图 2-8):

(1)添加酒精:如需向喷灯内添加酒精,需先关好下口开关,再用漏斗慢慢添加[图 2-8(a)]。灯内存贮的酒精量不能超过酒精壶的 2/3。

(2)预热:向预热盘中加入少量酒精,用火柴点燃[图 2-8(b)]。预热后有酒精蒸气逸出,当盘内酒精烧至近干时,灯管已经灼热。打开喷灯开关,将灯点燃(若

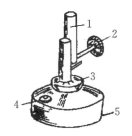

图 2-7　座式酒精喷灯示意图

1—灯管；2—空气调节器；3—预热盘；4—铜帽；5—酒精壶

无酒精蒸气逸出，可用探针疏通酒精蒸气出口后，再预热、点燃）。

（3）调节：通过调节灯管旁边的开关可以控制火焰的大小，如图 2-8(c)所示。

（4）熄灭：喷灯使用时间一般不超过 30 min。使用完毕后，可盖灭，也可旋转调节器熄灭，如图 2-8(d)所示。

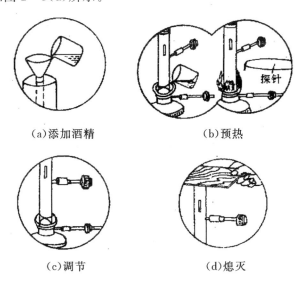

(a)添加酒精　　　　　　(b)预热

(c)调节　　　　　　(d)熄灭

图 2-8　酒精喷灯的使用

3. 电加热装置

在实验室中还常用电炉、电加热套、高温炉（图 2-9）等进行加热。

电炉温度的高低可以通过变压器来调节，被加热的容器和电炉之间要放置石棉网，以防止受热不均。

电加热套是一种较方便的加热装置，可加热的温度范围较宽。它是由玻璃纤维包裹着电加热丝织成的半圆形的加热器。电加热套有专门的控温装置用于调节

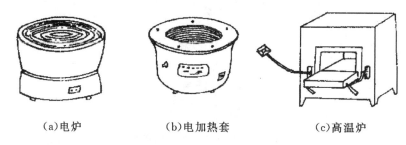

(a)电炉　　　　　(b)电加热套　　　　　(c)高温炉

图 2-9　常见的电加热装置

温度。由于不是明火加热,因此可加热和蒸馏易燃的有机物,也可以加热沸点较高的化合物。

高温炉通常都可加热到 1000 ℃左右,有些还可以更高。

2.5.2　加热方法

1.直接加热

实验室常用的烧杯、烧瓶、蒸发皿、试管(离心试管例外)等器皿可以直接加热,但是,不能骤冷或者骤热。

加热烧杯等容器中的液体时,容器必须放在石棉网上,否则会因受热不均而破裂。加热过程中要持续搅拌,使容器内的液体受热均匀。加热时,烧杯中的液体不超过其容量的 1/2,烧瓶或试管内盛放的液体一般不超过其容量的 1/3。

试管中的液体可以直接在火焰上加热[图 2-10(a)],加热时要注意以下几点:①试管夹应该夹在试管的中上部;②试管应该稍微倾斜,管口向上,以免烧坏试管夹;③为了使液体受热均匀,先加热液体的中上部,再慢慢往下移动,然后上下移动,不能局部加热;④不能将试管口对准有人的方向,以免溶液煮沸时把人溅伤。

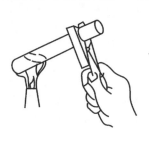
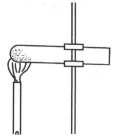

(a)加热试管中的液体　　　　　(b)加热试管中的固体

图 2-10　加热试管中的液体和固体

加热试管中的固体时,试剂要均匀平铺于试管底部,试管口略微向下(防止水倒流引起试管炸裂)。用酒精灯的外焰对着试管的底部和中部,左右移动四至五次,再用酒精灯外焰对着有试剂的部位加热[图2-10(b)]。

2.间接加热

1)水浴

如图2-11(a)所示,当要求被加热的物质受热均匀,而且温度不高时,可以采用水浴加热。通常,先把水浴中的水煮沸,用水蒸气来加热。水浴加热的温度通常不超过100 ℃。水浴内盛水的量不要超过其容量的1/3。加热时,应随时向水浴锅中补充热水,以保持一定的水量。不能把烧杯直接泡在水浴中加热,这样会使烧杯底部接触水浴锅的底部,因受热不均引起破裂。

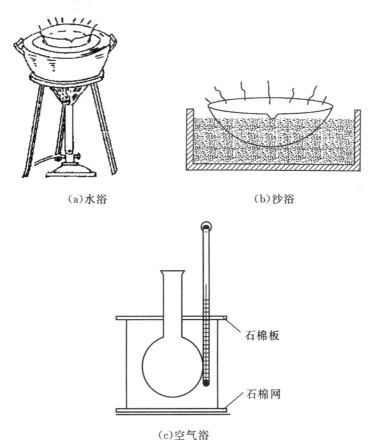

(a)水浴   (b)沙浴

石棉板

石棉网

(c)空气浴

图2-11　水浴、沙浴、空气浴示意图

2)油浴和沙浴

当被加热的物质要受热均匀,温度又需高于 100 ℃时,可使用油浴或沙浴加热[图 2-11(b)]。

用油代替水浴中的水,即是油浴。油浴的最高温度决定于所用油的沸点。常用的油有甘油、植物油、液体石蜡、硅油等。油浴应小心使用,防止着火。

沙浴是将细沙盛在铁盘里,用煤气灯加热铁盘。加热时,被加热的器皿埋在沙子里。若要测量加热温度,可把温度计埋入靠近器皿的沙中,但不能触及铁盘底部。沙浴升温比较缓慢,停止加热后散热也比较慢。

3)空气浴

沸点在 80 ℃以上的液体原则上可以用空气浴加热。

图 2-11(c)是一个简单的空气浴示意图。使用时,将该装置放在铁三角架或者铁架台的铁环上。注意:罐中的蒸馏瓶或者其他受热容器切勿触及罐底。

2.6 蒸发和浓缩

为了使溶质从溶液中析出晶体,常采用加热的方法使水分蒸发而溶液不断浓缩,加热到一定程度时冷却,即可析出晶体。若溶质的溶解度比较大,必须蒸发到溶液表面出现晶体膜才可以停止加热。若溶液很稀,可以先放在石棉网上直接加热蒸发,然后再放在水浴上加热浓缩、冷却。

常用的蒸发容器是蒸发皿,内盛液体的量不得超过其容量的 2/3。如果液体量较多,蒸发皿一次盛不下,可随水分的不断蒸发不断添加液体。

2.7 结晶和重结晶

晶体从溶液中析出的过程称为结晶。结晶是提纯固态物质的重要方法之一。结晶时溶液要求达到饱和,使溶液达到饱和的方法有两种:一种是蒸发法,此法适用于溶解度随温度变化不大的物质;另一种是冷却法,此法适用于溶解度随温度下降而明显减小的物质。

析出的晶体颗粒大小与结晶条件有关。如果溶液浓度较高、溶质的溶解度小,不断搅拌溶液并快速冷却,就得到细小的晶体颗粒;如果溶液浓度不高,缓慢冷却,就能得到较大的晶体颗粒。这种大的晶体夹带杂质少,易于洗涤,但母液中剩余的溶质较多,损失较大。

实际工作中,常常根据需要来控制结晶条件,得到大小合适的结晶颗粒。当溶液处于过饱和时,可以振荡容器,用玻璃棒搅动或轻轻地摩擦容器壁,或投入几粒晶种,促使晶体析出。

若结晶一次所得物质的纯度不合要求,可加入少量溶剂溶解晶体,再蒸发一次进行重结晶。方法为:把待提纯的物质溶解在适量的溶剂中,除去杂质离子,滤去不溶物后,蒸发浓缩到一定程度,冷却后就会析出溶质的晶体。重结晶是提纯固体物质的一种常见方法。

2.8　固液分离

溶液与沉淀的分离方法有三种:倾析法、过滤法和离心分离法。

2.8.1　倾析法

当沉淀的相对密度较大或结晶的颗粒较大,静置后能很快沉降至容器底部时,可用倾析法进行沉淀的分离和洗涤。倾析法是把沉淀上部的溶液倾入另一容器内,使沉淀与溶液分离。如需洗涤沉淀,可以往盛着沉淀的容器内加入少量洗涤液,充分搅拌后,沉降,再倾去洗涤液。如此重复操作三遍以上,即可把沉淀洗干净。

2.8.2　过滤法

过滤法是最常用的固液分离方法。当沉淀经过过滤器时,沉淀留在过滤器上,溶液通过过滤器而进入容器中,所得溶液叫做滤液。溶液的黏度、温度、过滤时的压力以及沉淀物质的性质、状态、过滤器孔径大小都会影响过滤速度。过滤时,应将各种因素的影响综合考虑来选择过滤方法。

常用的过滤方法有三种:常压过滤、减压过滤和热过滤。

1.常压过滤

常压过滤法最为简便和常用,是在常压下使用普通漏斗进行过滤,但是过滤的速度比较慢。

按照孔隙的大小,常压过滤使用的滤纸按照空隙大小可分为"快速""中速"和"慢速"三种;按照直径大小分为 7、9 和 11 cm 等。应根据沉淀的性质选择合适的滤纸。

过滤时,将滤纸对折,再对折,展开成适度的圆锥体,一边是三层,另一边是一层。为了使滤纸与漏斗内壁贴紧,常将滤纸撕去一角,放在漏斗中(图 2-12),滤纸的边缘应该略低于漏斗的边缘。过滤时,先用水润湿滤纸,使滤纸紧贴在玻璃漏斗的内壁上。然后向漏斗中加蒸馏水至几乎达到滤纸边缘,漏斗颈部应该全部充满水形成水柱。形成水柱的漏斗,可以借助水柱的重力抽吸漏斗内的液体,加快过滤速度。如果不能形成水柱,可以用手指堵住漏斗下口,稍稍掀起滤纸的一边,放开下面堵住出口的手指,水柱即可形成。

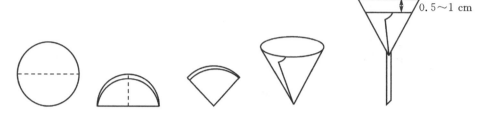

图 2 - 12　滤纸的折叠方法与放置

常压过滤装置如图 2 - 13 所示。过滤时,先调整漏斗架的高度,使漏斗末端紧靠接收器内壁。然后倾倒溶液,倾倒时,应使搅拌棒指向三层滤纸处。漏斗中的液面高度应低于滤纸高度的 2/3。

如果沉淀需要洗涤,应待溶液转移完毕,用少量洗涤剂洗涤两三遍,最后把沉淀转移到滤纸上。

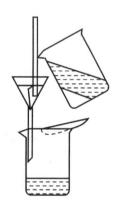

图 2 - 13　常压过滤装置

2.减压过滤

减压过滤的装置如图 2 - 14 所示。减压过滤的原理是利用水泵冲出的水流带走空气,造成吸滤瓶内的压力减小,使布氏漏斗与瓶内产生压力差,从而加快过滤速度。减压过滤不宜过滤胶状沉淀和颗粒太小的沉淀,因为胶状沉淀容易穿透滤纸,颗粒太小的沉淀容易在滤纸上形成一层密实的沉淀,使溶液不易透过。

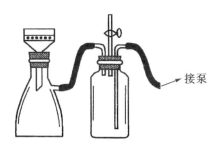

图 2-14 减压过滤装置

接泵

减压过滤使用的滤纸大小应比漏斗内径略小,但又能全部覆盖布氏漏斗上的小孔。过滤时,先用少量水润湿滤纸,再打开水泵减压抽气,使滤纸紧贴在漏斗的瓷板上。然后用倾析法将溶液沿玻璃棒倒入漏斗,每次倒入量不超过漏斗容量的2/3,等上层清液滤下后,继续抽滤到沉淀被吸干为止。停止吸滤时,需先拔掉连接吸滤瓶和泵的橡皮管,再关水泵,以防止倒吸。有时候为了防止倒吸,可以在吸滤瓶和水泵之间装一个安全瓶。如果有必要,还需用合适的洗涤剂洗涤沉淀,除去沉淀中的杂质。

3. 热过滤

有些物质在溶液温度降低时,易成结晶析出。滤除这类溶液中所含的其他难溶性杂质,常用热滤漏斗进行过滤(图 2-15),防止溶质结晶。

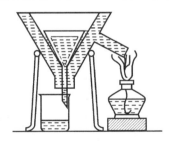

图 2-15 热过滤示意图

过滤时,把玻璃漏斗放在铜质的热滤漏斗内,热滤漏斗内装有热水以维持溶液的温度。也可以把玻璃漏斗在水浴上用蒸汽加热后再使用。热过滤选用的玻璃漏斗颈越短越好,以免滤液在漏斗颈内停留时间过久而析出晶体,使漏斗颈发生堵塞。

2.8.3 离心分离

当被分离的沉淀的量很小时,应采用离心分离法。

分离时,将沉淀和溶液放在离心管内,放入离心机中进行离心分离。如果沉淀需要洗涤,可以加入少量洗涤液,用玻璃棒充分搅动,再离心分离,如此反复 2～3 次。

使用离心机时,应从慢速开始,运转平稳后再加快转速。停止时,应让离心机自然停止,不能用手强制使其停止转动。为了使离心机在旋转时保持平衡,离心管要放在对称的位置上。如果只处理一只离心管,则可在对称位置放一只装有等量水的离心管。如果发生强烈振动或者破裂,应立即停止。

2.9 称量

2.9.1 天平的种类

天平是化学实验必不可少的称量仪器。常用的天平有托盘天平、电光天平、电子天平等。根据对质量准确度的要求不同,需要使用不同类型的天平进行称量。

1.台秤

台秤又称托盘天平(图 2-16),用于精度不高的称量,一般只能精确到 0.1 g。台秤的具体使用步骤如下:

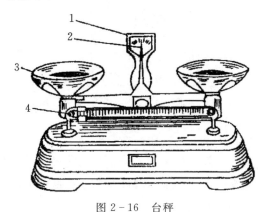

图 2-16 台秤
1—刻度板;2—指针;3—托盘;4—游码

(1)称量前,先调节零点。具体的操作为:检查指针是否停留在刻度板的中间位置。如果指针不在中间位置,可调节天平托盘下面的平衡调节螺丝,使指针指在零点。

(2)称量时,左盘放称量物,右盘放砝码(1 g 以下是通过移动游码添加的)。当指针停留在刻度板中心附近时,砝码的总质量就是称量物的质量。砝码用镊子增减,不能用手直接抓取。

(3)记录所加砝码和游码的总质量。

(4)称量完毕,应将砝码放回砝码盒,游码移动至"0"刻度处。

使用台秤时应该注意:①台秤不能称量热的物体;②称量物不能直接放在托盘上,依情况将其放在纸上、表面皿中或容器内;③使用时,将台秤要放在水平的台面上;④保持托盘干净,如有试剂或者污物,应立即清除。

2.分析天平

分析天平是定量分析中最重要、最常用的仪器之一,是根据杠杆原理设计而成的(即支点在力点之间)。

常用的分类有按结构分类和按精度分类两种。

天平按结构可以分为等壁和不等壁两类。常用的等壁天平有:摆动式天平、空气阻尼式天平、半自动电光天平、全自动电光天平等;不等壁天平有:单盘电光天平、单盘精密天平等。

天平也可以按照天平的精度分类:比如"万分之一天平"能精确到 0.1 mg;"十万分之一天平"能精确到 0.01 mg;"百万分之一天平"能精确到 0.001 mg。

分析天平是精密仪器,称量时要认真仔细,称量操作一般按照下列步骤进行:①首先检查天平是否水平,天平盘是否清洁,如有异常情况要报告指导老师。②接通电源,调节零点。③称量时将要称量的物品放在左盘,将砝码放在右盘,慢慢开动升降旋钮,观察光屏上标尺移动的方向(标尺总是向重盘方向移动);关掉升降旋钮,增减砝码。这样反复加减砝码,使砝码和物体的重量接近到克位以后,转动圈码指数盘,直到光屏上的刻线停留在标尺投影的某个刻度处。④当光屏上的标尺稳定后,就可以在标尺上读出 10 mg 以下的重量。标尺上一大格为 1 mg,一小格为 0.1 mg。读数后,关上升降旋钮。⑤称量完毕后,记下物体重量。然后,将圈码指数恢复到零,将砝码放回原来的盒子。拔下电源插头,罩上天平外罩,填写天平使用记录。图 2-17 是常用的半自动电光天平示意图。

3.电子天平

电子天平为较先进的称量仪器,根据电磁力平衡原理设计,一般可以精确到 0.1 mg。此类天平操作简便,自动化程度高,是目前最好的称量仪器。电子天平最基本的功能是自动调零、自动校准、自动扣除空白、自动显示称量结果。

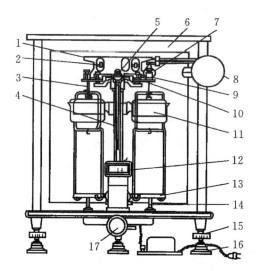

图 2-17　半自动电光分析天平

1—天平梁；2—天平调节螺丝；3—蹬(吊耳)；4—指针；5—支点；6—框罩；7—环码；8—指数盘；9—支柱；10—托叶；11—阻尼器；12—投影屏；13—天平盘；14—托盘；15—天平足；16—垫脚；17—升降旋钮

电子天平由天平盘、显示屏、操作键、防风罩和水平调节螺丝等组成，其外观如图 2-18 所示。电子天平的品牌和型号很多，但是，基本使用规程大同小异。

称量的基本操作步骤如下：①使用前，先检查水平仪是否水平。如不水平，需调节天平的水平调节螺丝，使天平水泡位于圆环中央位置。②接通电源，预热几分钟，按 on/off 键开机。天平自检，显示回零时，即可开始称量。③将称量容器放于天平称量盘上，其质量即从天平面板的屏幕上显示出来。按 zero 键调零(去皮)。④向称量容器中加入样品，再次置于托盘上称量，样品质量即从屏幕上显示出来。⑤称量结束后，长按 on/off 键关机，断掉电源，盖上防尘罩，并做好使用登记。该方法称为加重法。

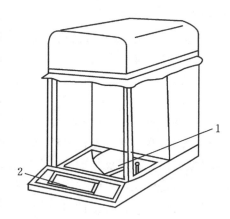

图 2-18　电子分析天平

1—天平盘；2—显示屏

实际使用时，也常常用到减量法称量。减量法的操作与上述操作的主要区别在于步骤中的第③步和第④步,将第③步改为称量样品及称量瓶的总质量,第④步改为称量并记录剩余样品和称量瓶的总质量。其余步骤与上面的加重法一样。

2.9.2 称量方法

在称量样品时,根据样品性质的不同,有直接法和差减法等不同的称量方法。

1.直接法

如果固体样品无吸湿性,在空气中性质稳定,可以用直接法称量。称量时,可以用烧杯、表面皿或者称量纸做称量器皿。先准确称出称量器皿的质量,然后在右边加上相当于试样质量的砝码,再在左盘的称量器皿中逐渐加入待称量的试样,直到天平达到平衡。这种方法要求试样性质稳定,操作者技术熟练。

2.差减法(或减量法)

易吸潮或者在空气中性质不稳定的样品,最好用差减法来称量。将试样装入称量瓶中,先准确称出称量瓶和试样的总质量 W_1,然后用纸条裹着取出称量瓶(图2-19);在容器的上方将称量瓶倾斜,用称量瓶盖轻敲瓶口上部,使试样慢慢落入容器中,当倾出的试样量接近所需要的质量时将瓶竖起;再用称量瓶盖轻敲称量瓶上部,使黏在瓶口的试样全部落下,然后盖好瓶盖,称出称量瓶和剩余试样的总质量 W_2;两次质量之差(W_1-W_2)就是倒出的试样质量。这种称量方法就叫差减法(或减量法)。

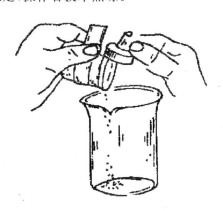

图2-19 用称量瓶倒出试剂示意图

称量瓶是带有磨口塞的小玻璃瓶,一般保存在干燥器中。它的质量较小,可直接在天平上称量,能防止试样吸收空气中的水分。称量瓶不能用手拿,要用干净的纸带套住称量瓶,小心用手拿住纸带两头。若从称量瓶中倒出的试剂太多,不能再倒回瓶中。

2.10 滴定分析仪器和基本操作

2.10.1 移液管及其使用

移液管是用来准确移取一定体积溶液的量器,如图2-20所示。其准确度与滴定管相当。

移液管有两种,一种是中间有一膨大部分(称为球部)的玻璃管,无分刻度,两端细长,管颈上部刻有一标线。此标线是按放出的体积来刻制的。常见的移液管有 5、10、25、50 mL 等几种规格,最常用的是 25 mL 的移液管。另一种是标有分刻度的直型玻璃管,叫做吸量管。吸量管一般用来量取少量体积的溶液,在吸量管的上端标有指定温度下的总体积,常见的吸量管有 1、2、5、10 mL 等几种规格。

移液管使用前首先要洗涤干净:先用适当的刷子刷洗,若有油污则要用洗液洗涤。洗涤时,吸入 1/3 容积的洗液,平放并转动移液管,用洗液充分润洗内壁,然后再将洗液放回原试剂瓶。再用自来水冲洗后,用去离子水清洗 2～3 次备用。

洗净后的移液管使用前必须用吸水纸擦干外壁,再用试液润洗 2～3 次。润洗时,将溶液吸至"胖肚"约 1/4 处,平放并转动移液管,让溶液充分润洗移液管内壁。润洗完毕后将溶液从下端放出。

移液时,将润洗好的移液管插入待取的溶液液面下 1～2 cm 处(不能太浅以免吸空,也不能触及容器底部以免吸起沉渣)。拇指及中指握住移液管标线以上部位;左手拿洗耳球,排出洗耳球内的空气。然后将洗耳球对准移液管上端,吸入溶液至标线以上约 2 cm,拿掉洗耳球,迅速用食指代替洗耳球堵住管口;将移液管提出液面,倾斜盛液容器,将移液管尖端紧贴容器内壁成约 45 ℃角,稍停片刻,然后微微松开手食指,并用拇指和中指缓慢转动移液管,使标线以上的溶液流至标线(图 2-21)。

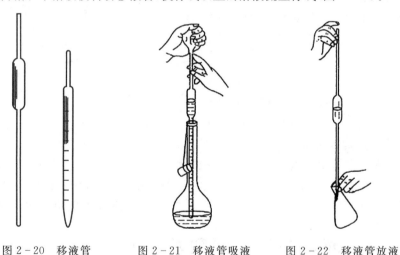

图 2-20 移液管　　　图 2-21 移液管吸液　　　图 2-22 移液管放液

放液时,将移液管迅速放入接收容器中,并使接收容器倾斜而移液管直立;出口尖端接触容器壁;松开食指,使溶液自由流出;待溶液流出后停留 15 s,然后将移液管左右转动一下,再取出(图 2-22)。

注意:除了标有"吹"字的移液管外,不要将残留管尖的液体吹出。因为在校准移液管容积时,没有算上这部分液体。

2.10.2 容量瓶及其使用

容量瓶是一个细颈梨形的平底瓶,带有磨口塞(图 2 - 23)。颈上标线表明在所指温度下(一般为 20 ℃),当液体充满到标线时,瓶内液体体积恰好与瓶上所注明的体积相等。容量瓶是为配制准确浓度的溶液用的,常和移液管配合使用。通常有 25、50、100、250、500、1000 mL 等数种规格,实验中常用的是 100 和 250 mL 的容量瓶。

容量瓶使用前要充分洗涤。小容量瓶可装满洗液浸泡一定时间;大的容量瓶不必装满,注入约 1/3 体积的洗液,塞紧瓶塞,摇动片刻,隔一些时间再摇动几次即可洗净。(问题:容量瓶是否要用待盛放的溶液润洗?)

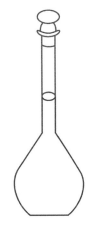

图 2 - 23 容量瓶

在使用容量瓶之前,首先要检查容量瓶容积与所要求的是否一致,然后检查瓶塞是否漏水。检查时,在瓶中放自来水到标线附近,塞好瓶塞,用左手食指按住瓶塞,同时用右手五指托住瓶底边缘,使瓶倒立 2 min,用干滤纸片沿瓶口缝处检查,看有无水珠渗出。如果不漏,把塞子旋转 180°,然后塞紧、倒置,检查这个方向有无渗漏。容量瓶的瓶塞必须妥善保管,最好用绳子把它系在瓶颈上,以防跌碎或与其它容量瓶瓶塞搞混。

配制标准溶液时,先将精确称重的试剂放入小烧杯中,加入少量溶剂使其完全溶解(若难溶,可盖上表皿,稍加热,但必须放冷后才能转移)后,沿搅拌棒将溶液移入洗净的容量瓶中(图 2 - 24);用少量溶剂冲洗玻璃棒和烧杯内壁,按同法将溶液转入容量瓶中。如此重复操作三次以上。补充溶剂,当瓶中液体加至 3/4 左右时,将容量瓶水平方向摇转几周,使溶液初步混合均匀;再慢慢加水到距标线 1 cm 左右,等待 1~2 min,使附在瓶颈内壁的溶液全部流下,最后用滴管加水至弯月面下部与标线相切(眼睛平视标线)。盖好瓶塞,用一只手的食指按住瓶塞,另一只手的手指托住瓶底。随后将容量瓶倒转,使气泡上升到顶部。再倒转过来,仍使气泡上升到顶。如此反复 10 次以上,使溶液混合均匀(图 2 - 25)。

注意:容量瓶不能久贮溶液,尤其是碱性溶液会侵蚀瓶壁,并使瓶塞黏住,无法打开。另外,容量瓶不能加热。

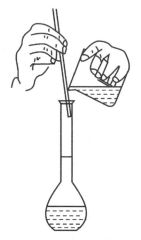

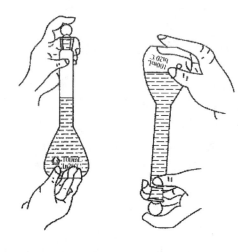

图 2-24　转移溶液到容量瓶中　　　图 2-25　摇匀容量瓶中的溶液

2.10.3　滴定管

　　如图 2-26 所示,滴定管是滴定分析中最基本的量器,用来准确放出不确定量的液体。滴定管是用细长而均匀的玻璃管制成的,管上有刻度,下端是一尖嘴,中间有活塞等用来控制滴定的速度。常量分析的滴定管有 25、50 mL 等规格,最小分度是 0.1 mL,读数可以估计到 0.01 mL。此外,还有容积为 10、5、2 mL 的半微量和微量滴定管,最小分度为 0.05、0.01 或者 0.005 mL。

　　滴定管分酸式和碱式两种。下端用玻璃活塞控制滴定速度的是酸式滴定管,用于量取对橡皮管有侵蚀作用的酸性试剂。碱式滴定管下端用乳胶管连接一个尖嘴的小玻璃管,乳胶管内有一个玻璃珠用来控制溶液的流出速度。碱式滴定管不宜装对橡皮管有侵蚀性的溶液,如碘、高锰酸钾和硝酸银等。

　　滴定管使用前首先要检漏。具体操作为:开启酸式滴定管的下端旋塞,液体即自管内滴出。使用前,先取下活塞,洗净后用滤纸将水吸干或吹干,然后在旋塞上涂一层很薄的凡士林油,切勿堵住塞孔(图 2-27);装上旋塞并转动,使旋塞与塞槽接触处

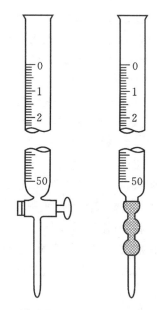

（a）酸式滴定管　　（b）碱式滴定管

图 2-26　滴定管

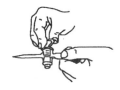

图 2-27　旋塞涂油方法

呈透明状态,最后装水试验是否漏液;将旋塞转动 180°,再观察,如果两次均无水渗出,方可使用。

　　滴定管使用前一定要洗涤干净。具体操作为:向管中注入 10 mL 洗液,两手平握滴定管不断转动,直到洗液把全管浸润,然后将洗液由上口或尖嘴倒回贮存瓶中。若上法不能洗净,需将洗液装满滴定管浸泡后再冲洗干净。用蒸馏水润洗后,还要按照上述方法,用待装溶液润洗 2～3 次。

　　润洗后,关好旋塞,向滴定管中加入操作液至"0"刻度附近。不要注入太快,以免产生气泡。装入操作液的滴定管,应该检查出口下端是否有气泡。如有气泡,应及时排除。如果是酸式管,可迅速打开旋塞(反复多次),使溶液冲出带走气泡。若为碱式管中形成气泡,则将胶皮管向上弯曲,并用手指挤压玻璃球上部,使溶液从管口喷出,赶走碱式滴定管内气泡(图 2-28)。

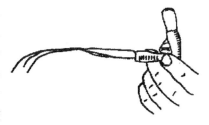

图 2-28　碱式滴定管排气泡

排出气泡后,滴定管下端如果悬挂有液滴,也应除去。

　　如图 2-29(a)所示,使用酸式滴定管时,用一只手控制滴定管的旋塞,大拇指在前,食指和中指在后,手心空握,以免碰到旋塞使其松动或者顶出,发生漏液。另一只手持锥形瓶使滴定管管尖伸入瓶内 1～2 cm。滴定时,沿同一方向做圆周运动震荡锥形瓶,滴定和震荡溶液要同时进行。开始,滴定一般为每秒 3～4 滴;接近结束时,应一滴一滴或半滴半滴加入滴定剂(滴加半滴溶液时,可慢慢控制旋塞,将溶液悬挂管尖而不滴落,然后用锥形瓶内壁将液滴碰落,再用洗瓶将之冲入锥形瓶中)。

　　如图 2-29(b)所示,使用碱式滴定管时,拇指在前,食指在后,捏挤玻璃珠外侧稍向上方的乳胶管,溶液即可流出(如果挤捏位置不妥,松手后玻璃尖嘴中会出现气泡)。

　　滴定管读数时,对于无色或者浅色溶液,读取弯液面下端最低点;视线应在溶液弯月面下缘最低处的同一水平位置上,以避免视差[图 2-30(a)]。由于液面是球面,眼睛位置不同会得到不同的读数。对于常用的 50 mL 滴定管,读数应到 0.01 mL。对于有色或深色溶液如碘溶液、高锰酸钾溶液,弯液面很难看清楚,而液面最高点较清楚,所以常读取液面最高点,读数时应调节眼睛的位置,使之与液面最高点前后在同一水平位

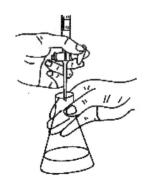 

（a）酸式滴定管的操作　　　　（b）碱式滴定管的操作

图 2-29　滴定管的操作示意图

置上[图 2-30(b)]。对于白色带蓝条的滴定管,无色溶液的读数应以两个弯液面的相交最尖部分为准;深色溶液读取液面两侧的最高点[图 2-30(c)]。

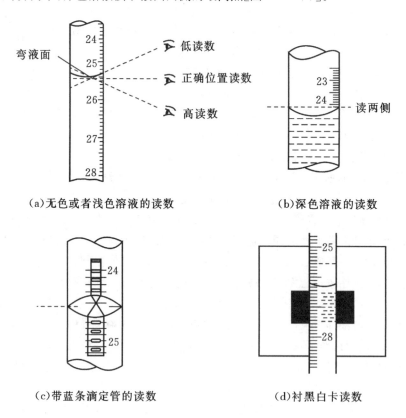

（a）无色或者浅色溶液的读数　　　　（b）深色溶液的读数

（c）带蓝条滴定管的读数　　　　（d）衬黑白卡读数

图 2-30　滴定管的读数

2.11　酸度计

酸度计是测定溶液 pH 最常用的仪器之一。它主要是利用一对电极,它们在不同 pH 的溶液中能产生不同的电动势。酸度计一般是把电压表测得的电动势直接表示为 pH,不用再进行换算。测量时用的一对电极分别称为指示电极和参比电极。

酸度计种类很多,但是基本原理和使用步骤都大体相同,现以 PHS-25 型酸度计为例,说明酸度计的使用方法及注意事项。

PHS-25 型酸度计使用的指示电极是玻璃电极,参比电极是甘汞电极。PHS-25 型酸度计在使用前要先进行标定。一般来说,在连续使用时,每天标定一次就能达到要求。标定的具体步骤如下:

(1)温度补偿器放在测定的温度值上。

(2)将 pH/mV 开关转至 pH 档。

(3)将量程选择开关拨到待测溶液的 pH 范围(0~7 或 7~14)。

(4)过 1~2 min 后,调节零点调节器,使指针仍指在 pH = 7 处。

(5)电极先用蒸馏水清洗,然后插入已知 pH 的标准缓冲溶液中,并摇动烧杯使溶液均匀。

(6)调节定位调节器,使指针指在该溶液的 pH 处。操作几次,使指针的指示值稳定。仪器校正后,定位调节器不能再动。

测量时,将电极插入待测溶液中,读出溶液的 pH;测量完毕后,洗净电极。将 pH/mV 选择键转至 mV 档,读数值就是被测量样品的 mV 值。

玻璃电极使用时要注意:①玻璃电极的主要部分是下端的玻璃球泡。它由一层较薄的特种玻璃制成,因此切勿与硬物接触,以免碰破。②初次使用时,应先将玻璃电极在去离子水中浸泡 24 h 以上。暂不使用时,也要浸在去离子水中。③若玻璃膜上沾有油污,应先浸在酒精中,再放入乙醚或四氯化碳中,然后再移到酒精中,最后用水冲洗干净。④在测强碱性溶液时,应快速操作。测完后立刻用水洗净,以免碱液腐蚀玻璃。⑤凡是含氟离子的酸性溶液,不能用玻璃电极测量(为什么?)。

2.12　可见分光光度计

定量化学分析中所讨论的吸光光度法主要是利用可见光来测量,常用的仪器是分光光度计。下面以 722 型可见分光光度计为例,说明这类仪器的使用方法和注意事项。

722 型(可见)分光光度计是以碘钨灯为光源、衍射光栅为色散元件、端窗式光电管为光电转换器的单光束、数显式可见光分光光度计。波长范围为 330～800 nm，波长精度为 ±2 nm，波长重现性为 0.5 nm，单色光的带宽为 6 nm，吸光度的显示范围为 0～1.999，吸光度的精确度为 0.004(在 $A = 0.5$ 处)，试样架通常可以放置四个吸收池(比色皿)。碘钨灯发出的连续光经滤光片选择、聚光镜聚集后投向单色仪的进光狭缝，此狭缝正好处于聚光镜及单色器内准直镜的聚焦平面上，因此进入单色器的复合光通过平面反射镜反射到准直镜变成平行光射向光栅，通过光栅的衍射作用形成按波长顺序排列的连续光谱。此光谱重新回到准直镜上，由于单色器的出光狭缝设置在准直镜的聚焦平面上，从光栅色散出来的光谱经准直镜后利用聚光原理成像在出光狭缝上，出光狭缝选出指定带宽的单色光，通过聚光镜照射在被测溶液中心，其透过光经光门射向光电管的阴极面。波长刻度盘下面的转动轴与光栅上的扇形齿轮相吻合，通过转动波长刻度盘而带动光栅转动，以改变光源出射狭缝的波长值。

722 型可见分光光度计由光源、单色器、样品室、光电管暗盒、电子系统及数字显示器等组成。其使用方法和主要步骤如下：

(1)接通电源，将仪器预热 5～15 min，使显示数字稳定。

(2)打开样品室盖(光路断开)，调节透光率为"0.00"。

(3)将盛有参比溶液的吸收池置于样品室，合上盖子。调节透光率为"100.0"，如果显示不到"100.0"，则要增大灵敏度后再调节 100%T 旋钮，直到显示为"100.0"。

(4)重复操作(2)和(3)，直到显示稳定。

(5)将选择开关置于"A"档(即吸光度)，此时吸光度显示应为"0.00"，若不是，则调节吸光度调零钮使显示为"0.00"。

(6)将盛有试样的比色皿置入样品室，接通光路，这时的显示值即试样的吸光度。

(7) 实验过程中，参比溶液不要拿出样品室，以便随时检查吸光度零点的变化。

(8)仪器使用完毕，关闭电源。洗净吸收池并放回原处，仪器冷却 10 min 后盖上防尘罩。

722 型可见分光光度计在使用过程中，要注意以下几点：

(1)仪器不能受潮。若发现仪器中的硅胶干燥剂变色，应及时更换。

(2)每改变一个波长，就要重新调节透光率分别为"0"和"100%"。

(3)如果大幅度调整波长，应该稍等一段时间再测定，让仪器有个适应时间。

（4）测定时，比色皿洗涤干净后，还要用被测液润洗 2～3 次（为什么？）；测定时，比色皿装液时只需装至其容积的 3/4，不要过满；比色皿用完以后，要及时用蒸馏水洗净，晾干后装在盒子里。

（5）比色皿的光学面要保护好，不能用手拿。擦干水分时，只能用擦镜纸或者绸布按一个方向擦拭，不能用力来回擦。

（6）为了防止光电管疲劳，仪器连续使用的时间不得超过 2 h；若仪器已连续工作 2 h，最好间歇 30 min 后，再继续使用；实验中，停止测试时，应该使暗箱盖处于开启位置。

第3章 实验数据的正确表达和处理

测量中所记录的数据,既要能表示出测量值的大小,又要能表示出测量的准确度。因此,准确地记录实验中测得的数据显得十分重要。实验时,一定要注意测量过程中的有效数字。

3.1 有效数字及其运算规则

3.1.1 有效数字

有效数字包括数据中所有确定的数字和一位不确定的数字。一般情况下,所测得数据的最后一位可能有上下一个单位的误差,被称为不确定数字。例如,用分析天平称量时,由于分析天平性能的限制,称量数据只能读到小数点后第四位。如果称量质量为 6.468 3 g,该数的前四位都是确定的,最后一位是不确定数字,因此共有五位有效数字。又如,从滴定管读出某溶液消耗的体积为 28.36 mL,由于最后一位数"6"是读数时根据滴定管的刻度估计的,"6"是不确定数字,因此 28.36 共有四位有效数字。实验中所有的数据应该都是有效的,故测量中所记录的数据最多只能保留一位不确定数字。

0~9 这十个数字中,数字"0"可以是有效数字,也可以是定位用的无效数字。如滴定管读数可读准至±0.01 mL,在读数 20.00 mL 中,所有的"0"都是有效数字。如将单位改为 L,该体积则写为 0.020 00 L,前面的两个"0"不能算作有效数字。在记录实验数据时,应该注意不要将末尾属于有效数字的"0"漏记,例如将 20.10 mL 写为 20.1 mL,将 0.1500 g 写成 0.15 g。

3.1.2 有效数字的修约规则

最终的分析结果,常常要经过若干测量数据的数学运算之后求得。而每个测量参数的有效数字位数却不尽相同,为了简化计算,常常需要舍去某些测量数据中多余的有效数字,这一过程称为有效数字的修约。

有效数字修约时采用"四舍六入五留双"的原则,当舍去的数字小于 5 时,即"舍"(不进位),如:0、1、2、3、4。当舍去的数字大于 5 时,即"入"(进位),如 6、7、8、

9。当被舍去的数字是 5 时,分为两种情况:

(1)如果 5 之后没有其它数字:当进位后形成双数,则"入"(进位);当进位后形成单数,则"舍"(不进位)。

(2)如果 5 后面还有一些数字,则遵循这样的取舍原则:当 5 后面的数字并非全部是 0 时,进 1;当 5 后面的数字全部为 0 时,前面一位数是奇数进 1,是偶数舍去。当舍去的数字不止一位时,应一次完成修约过程,不得连续修约。

表 3-1 中列举了一些数据的修约过程。

表 3-1　数据的修约

数据	保留二位有效数字	保留三位有效数字	保留四位有效数字
6.43	6.4		
6.47	6.5		
6.45	6.4	6.45	
6.450	6.4	6.45	
6.4501	6.5	6.45	
6.4650	6.5	6.46	6.465
16.485	16	16.5	16.48

3.1.3　有效数字的运算规则

在进行加减法运算时,结果的有效数字保留取决于绝对误差最大的那个数。各测量数据计算结果的小数点后保留的位数,应该与原数据中小数点后位数最少的那个数相同。例如,0.0224+68.13+2.0069,被加和的三个数据中,68.13 小数点后只有两位,因此结果只应保留两位小数。在进行具体运算时,可按两种方法处理:一种方法是将所有数据都修约到小数点后两位,再进行具体运算;另一种方法是其它数据先修约到小数点后三位,即暂时多保留一位有效数字,运算后再进行最后的修约。两种运算方法的结果其尾数上可能差 1,但都是允许的。

在进行乘除法运算时,结果的有效数字保留取决于相对误差最大的那个数。有时简单地认为:计算结果的有效数字位数应该与有效数字位数最少的那个数据相同。例如,26.18×0.12345÷4.29,其中 4.29 仅有三位有效数字,因此结果只应保留三位有效数字。

在取舍有效数字时,应该注意以下几点:①运算中若有 e、π 等常数,以及 $\sqrt{2}$、6、1/2 等实数,其有效数字位数可视为无限,不影响结果有效数字的确定;②pH、lg$K$ 等对数数值的有效数字位数,仅取决于小数部分,即尾数数字的位数,如 pH=

2.65,不是三位有效数字,而是两位;③进行偏差计算时,大多数情况只取一位或两位有效数字;④遇到第一位数字≥8时,有效数字可多算一位,如9.05可看作四位有效数字;⑤计算器计算分析结果时,由于计算器上显示数字位数较多,要特别注意有效数字位数。

一般定量分析要求保留四位有效数字。有效数字位数保留过多,不但不能提高测定值的实际可靠性,反而增加了计算上的麻烦。

3.2 预习报告

为了加深学生对准备实验内容的认识,尽快熟悉实验仪器,保证实验教学效果,要求学生每次实验之前充分预习,写出实验预习报告。

实验预习报告是为实验做准备的,要求写在实验记录本上,并留出记录实验数据的空间。预习报告要简单明了,主要包括以下几个方面:①实验目的;②实验原理(实验依据的原理及主要公式);③实验用品(列出实验使用的仪器名称、型号以及所用试剂名称、纯度或浓度);④实验步骤(书写内容要全面、准确、精炼);⑤留出位置记录实验数据。

3.3 原始记录

原始记录是化学实验原始情况的记载。

实验中直接观察测量到的数据叫原始数据,应该记在实验记录本上。实验过程中的各种测量数据以及有关现象应该及时准确的记录下来,不能随意抄袭和伪造。

原始记录用钢笔或者圆珠笔填写,要求清晰、工整,尽量采用一定的表格形式;原始数据不能随意更改,如果发现数据记错、算错或者测错需要改动时,可将该数据用横线划去,并在其上方写上正确的数字。实验过程中的各种仪器的型号以及标准溶液的浓度等也要记录下来。

3.4 实验数据处理的表达方法

化学实验数据常用的表达方法主要有列表法、图解法。

3.4.1 列表法

列表法是化学实验数据最常用的表达方法。把实验数据按自变量和应变量的对应关系排列成表格,使得数据一目了然,便于进一步的检查和运算。一张完整的表格应该包含表格的序号、名称、项目、说明以及数据来源等五项内容。所记录的数据应该注意其有效数字位数。同一列的数据小数点要对齐,以便找出变化规律。

3.4.2 图解法

图解法也是实验数据处理中常用的重要方法之一。图形的特点是能直接显示数据的特点及其变化规律,从图中可以很容易看出数据的极大值、极小值、转折点以及周期性规律。数据作图以后,要注明图的名称、坐标轴代表的量的名称、所用单位以及测量条件。

3.5 实验报告

实验结束后,要整理数据并写出实验报告。实验报告是学生对所做实验内容的总结和再学习,通过总结和整理实验数据,学会分析问题和解决问题的方法,为今后书写研究报告打下一定的基础。总结报告与预习报告的侧重点不同,总结报告强调对数据的处理和对问题的讨论。实验总结报告要求用统一的实验报告纸书写,具体格式包含以下几个部分:

①实验目的;②实验原理(实验依据的原理及公式,要求对讲义内容进行适当的删减和整理,保证该部分的篇幅不会太长);③实验用品;④实验步骤(书写要精炼且内容要完整,能表现实验步骤的完整过程,必要时要作图使步骤更加直观);⑤实验结果:要设计好数据处理表格,在表格中应列出所有实验原始数据及处理后的数据,处理数据时需要用到的计算公式要在表格下面注明具体公式。表格应有名称或编号,如"表1""表2"等。绘制图形时,一定要使用坐标纸。图形也要有图名或编号,一定要标明图中各坐标轴的名称和单位,必须注明单位刻度且标度要合理。最后应对实验结果作出详尽的分析讨论,找出实验失败的可能原因。

不同类型的实验,报告格式有所不同。下面列举了几个实验报告的格式范例,供大家写作时参考。

I 无机制备实验

氯化钠的提纯

一、实验目的(略)

二、实验原理(略)

三、实验用品(略)

四、实验步骤

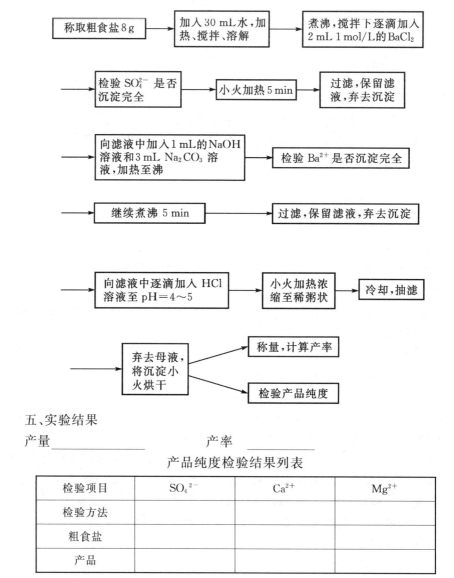

五、实验结果

产量_____ 产率_____

产品纯度检验结果列表

检验项目	SO$_4^{2-}$	Ca^{2+}	Mg^{2+}
检验方法			
粗食盐			
产品			

六、思考题(略)

Ⅱ 物理量测定实验

醋酸解离常数的测定(缓冲溶液法)

一、实验目的(略)

二、实验原理(略)

三、实验用品(略)

四、实验步骤

1. 配制不同浓度的醋酸溶液

实验室提供的醋酸浓度_____mol/L

实验室提供的醋酸钠浓度_____mol/L

醋酸溶液编号	1	2	3	4	5
加入醋酸的体积/mL					
加入醋酸钠的体积/mL					

2. 由稀到浓依次测定醋酸溶液的 pH

3. 实验数据记录和结果处理

编号	pH	$[H^+]/(mol/L)$	$[HAc]/(mol/L)$	$[Ac^-]/(mol/L)$	pK_a
1					
2					
3					
4					
5					

五、思考题(略)

Ⅲ 性质实验

酸碱解离平衡

一、实验目的(略)

二、实验原理(略)

三、实验用品(略)

四、实验步骤(部分内容)

1. 同离子效应

实验步骤	实验现象	解释和结论
1 mL 0.1 mol/L 的 HAc +1 滴甲基橙	溶液呈红色	$HAc \longrightarrow Ac^- + H^+$ 加入 NaAc,溶液中$[Ac^-]$增大,平衡向左移动,$[H^+]$减少,甲基橙由红色变为黄色
1 mL 0.1 mol/L 的 HAc +1 滴甲基橙 +NaAc 固体	溶液呈黄色	

2.缓冲溶液的性质

(1)缓冲溶液的配制及其 pH 的测定

编号	配制溶液(用量筒各取 15.00 mL)	pH 测定值	pH 计算值
1	$NH_3 \cdot H_2O(1.0 \ mol/L) + NH_4Cl(0.1 \ mol/L)$		
2	$HAc(0.1 \ mol/L) + NaAc(1.0 \ mol/L)$		
3	$HAc(1.0 \ mol/L) + NaAc(0.1 \ mol/L)$		
4	$HAc(0.1 \ mol/L) + NaAc(0.1 \ mol/L)$		

(2)试验缓冲溶液的缓冲作用

编号	4 号缓冲液	pH 测定值	pH 计算值
5	先加入 0.5 mL 的 HCl(0.1 mol/L)溶液		
6	再加入 1.0 mL 的 NaOH(0.1 mol/L)溶液		

(3)测去离子水的 pH

编号	50mL 去离子水	pH 测定值	pH 计算值
7	先加入 0.5 mL 的 HCl(0.1 mol/L)溶液		
8	再加入 0.8 mL 的 NaOH(0.1 mol/L)溶液		

五、思考题(略)

IV 定量分析实验

盐酸溶液的配制和标定

一、实验目的(略)

二、实验原理(略)

三、实验用品(略)

四、实验步骤

1. 0.2 mol/L 盐酸溶液的配制

2. 0.2mol/L 盐酸溶液的标定

称取已经恒重的无水碳酸钠 0.2～0.3 g → 用 50 mL 水溶液,加入 1～2 滴甲基橙指示剂 → 用 0.2 mol/L 盐酸溶液滴定至溶液由黄色变为橙色,记录盐酸的消耗体积

五、实验结果

编　号	I	II	III
m（Na_2CO_3）/g			
滴定管初读数/mL			
终读数/mL			
HCl 净用量/mL			
c（HCl）/（mol/L）			
$\bar{c}$（HCl）/（mol/L）			
相对平均偏差			

六、思考题(略)

第 3 章　实验数据的正确表达和处理

第 4 章　无机化学实验

第一部分　基础实验

实验一　仪器的认领、洗涤和天平的使用

一、实验目的

1. 熟悉化学实验室安全守则；
2. 了解无机化学实验目的、要求以及学习方法；
3. 熟悉常用仪器的名称、规格以及洗涤和干燥方法；
4. 学会称量瓶的使用，并掌握用直接称量法和减量法称量试样；
5. 了解实验预习报告、原始记录以及实验报告的书写要求和规范。

二、实验原理

化学实验中，常常用到水、电、气以及各种化学试剂，如果盲目操作，往往会造成各种事故。因此，了解和熟悉化学实验室安全守则及实验中事故的处理方法是很有必要的(第 2 章)。

实验中，使用的器皿是否清洁对实验结果有着重要影响，因此使用前必须将器皿充分洗净并干燥。玻璃器皿洗涤与干燥原理及方法见第 2 章。

天平是进行化学试剂定量的基础。托盘天平和电子天平是化学实验中最常用的称量仪器。称量方法分为直接称量法和减量法：直接称量法又称为固定重量称量法或加重法，适用于不吸水并在空气中性质稳定的试样；减量法又称差减法适用于易吸水、易氧化或易与 CO_2 发生反应的物质。关于天平的称量原理及使用方法见第 2 章。

三、实验用品

1. 试剂

无水乙醇，乙醚，H_2SO_4（浓），$NaOH(s)$，$CaCO_3$。

2. 仪器

无机化学实验常用仪器，台秤，电子天平，称量瓶，烘箱。

四、实验步骤

(1) 按实验清单认领无机化学实验常用仪器一套，并熟悉其名称、规格、用途、使用方法和注意事项；

(2) 洗涤认领的仪器，并选用适当方法干燥洗涤后的仪器；

(3) 用直接称量法准确称取 0.500 0 g 给定固体样品(精确到小数点后四位)两份；

(4) 用差减法称 0.530 0～0.540 0 g 给定固体样品三份。

五、实验结果

1. 直接称量法

直接称量法的结果填入表 4 - 1 - 1。

表 4 - 1 - 1　直接称量法

	称量瓶或表面皿的质量/g	样品＋称量瓶或表面皿的总质量/g	样品的质量/g
1			
2			

2. 差减法

差减法的结果填入表 4 - 1 - 2。

表 4 - 1 - 2　差减法

	样品＋称量瓶或表面皿的总质量 m_1/g	样品＋称量瓶或表面皿的总质量 m_2/g	样品的质量 m_3/g（$m_1 - m_2$）
1			

	样品＋称量瓶或表面皿的总质量 m_1/g	样品＋称量瓶或表面皿的总质量 m_2/g	样品的质量 m_3/g （m_1-m_2）
2			
3			

思考题

1.烘干试管时为什么管口略向下倾斜？

2.什么样的仪器不能用加热的方法进行干燥，为什么？

3.画出离心试管、多用滴管、量筒、容量瓶的简图，讨论其规格、用途和注意事项。

实验二 玻璃棒、滴管的制作

一、实验目的

1.练习玻璃管(棒)的截断、弯曲、拉制和熔光等基本操作;
2.完成玻璃棒、滴管和弯管的制作。

二、实验步骤

1.酒精喷灯的使用

相关内容见 2.5.2 节。

2.玻璃加工

1)玻璃管(棒)的截断

将玻璃管(棒)平放在桌面上,左手按住要切割的部位,右手用锉刀的棱边用力锉出一道凹痕(图 4-1-1)。锉刀切割的部位须按一个方向锉。为保证截断后的玻璃管(棒)截面是平整,锉出的凹痕应与玻璃管(棒)垂直。然后双手持玻璃管(棒),两拇指齐放在凹痕背面[图 4-1-2(a)],并轻轻地由凹痕背面向外推折,同时两食指和拇指将玻璃管(棒)向两边拉[图 4-1-2(b)],将玻璃管(棒)截断。若截面不平整,则不合格。

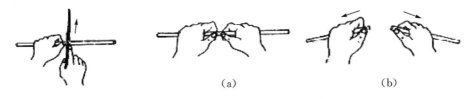

(a)　　　　　　　(b)

图 4-1-1　玻璃管的锉痕　　　图 4-1-2　玻璃管的截断

2)熔光

切割的玻璃管(棒)的截断面的边缘很锋利,为变平滑须放在火焰中熔烧,此过程称为熔光(或圆口)。熔烧时,玻璃管(棒)的一头插入火焰中成 45°角熔烧,并不断来回转动玻璃管(棒),直至管口平滑。

熔烧时,加热时间过短,管(棒)口不平滑;过长,管径会变小。而玻璃管转动不匀,会使管口不圆。灼热的玻璃管(棒),应放在石棉网上冷却,切不可直接放在实验台上,以免烧焦台面。亦不可用手触碰,以免烫伤。

3)弯曲

第一步,烧管。先将玻璃管用小火预热一下,然后双手持玻璃管,把要弯曲的部位斜插入喷灯(或煤气灯)火焰中,以增大玻璃管的受热面积(也可在灯管上罩以鱼尾灯头扩展火焰,来增大玻璃管的受热面积),若灯焰较宽,也可将玻璃管平放于火焰中,同时缓慢而均匀地不断转动玻璃管,使之受热均匀(图4-1-3)。两手用力均等,转速快慢一致,以免玻璃管在火焰中扭曲。加热至玻璃管发黄变软时,即可自焰中取出,进行弯管。

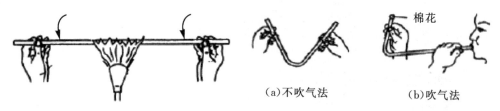

图4-1-3 烧管方法

（a)不吹气法　（b)吹气法

图4-1-4 弯管的方法

第二步,弯管。将变软的玻璃管取离火焰后稍等一两秒钟,使各部温度均匀,用"V"字形手法(两手在上方,玻璃管的弯曲部分在两手中间的正下方)(图4-1-4)缓慢地将其弯成所需的角度。弯好后,待其冷却变硬才可撒手,将其放在石棉网上继续冷却。冷却后,应检查其角度是否准确,整个玻璃管是否处于同一个平面上。120°以上的角度可一次弯成,但弯制较小角度的玻璃管,或灯焰较窄,玻璃管受热面积较小时,需分几次弯制(切不可一次完成,否则弯曲部分的玻璃管就会变形)。首先弯成一个较大的角度,然后在第一次受热弯曲部位稍偏左或稍偏右处进行第二次加热弯曲,如此第三次、第四次加热弯曲,直至变成所需的角度为止。弯管好坏的比较和分析见图4-1-5。

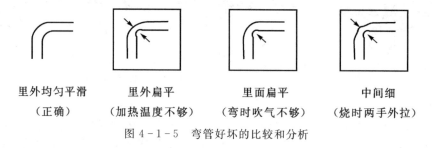

里外均匀平滑　　里外扁平　　　里面扁平　　　中间细
（正确)　　　(加热温度不够)　(弯时吹气不够)　(烧时两手外拉)

图4-1-5 弯管好坏的比较和分析

4)制备毛细管和滴管

第一步,烧管。拉细玻璃管时,加热玻璃管的方法与弯曲玻璃管时基本一样,不过要烧得时间长一些,玻璃管软化程度更大一些,烧至红黄色。

第二步,拉管。待玻璃管烧成红黄色软化以后,从火焰取出,两手顺着水平方向边拉边旋转玻璃管(图4-1-6),拉到所需要的细度时,一手持玻璃管向下垂一会儿。冷却后,按需要长度截断,形成两个尖嘴毛细管。如果要求细管部分具有一定的厚度,应在加热过程中当玻璃管变软后,将其轻缓向中间挤压,减短它的长度,使管壁增厚,然后按上述方法拉细。

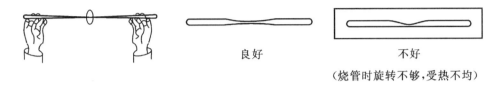

良好　　　　　　　　不好

(烧管时旋转不够,受热不均)

图4-1-6　拉管方法和拉管好坏比较

第三步,制滴管的扩口。将未拉细的另一端玻璃管口以45°角斜插入火焰中加热,并不断转动。待管口灼烧至红色后,用金属锉刀柄斜放入管口内迅速而均匀地旋转(图4-1-7),将其管口扩开。另一扩口的方法是待管口烧至稍软化后,将玻璃管口垂直放在石棉网上,轻轻向下按一下,将其管口外卷。冷却后,安上橡胶乳头即成滴管。

3.实验用具的制作

(1)玻璃棒:切取20 cm长的小玻璃棒,将玻璃棒两端熔光、冷却,洗净后便可使用。

(2)小试管的玻璃棒:切取18 cm长的小玻璃棒,将中部置火焰上加热,拉细到直径约为1.5 mm为止。冷却后用三角锉刀在细处切断,并将切断

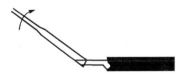

图4-1-7　玻璃管扩口

处熔成小球,将玻璃棒另一端熔光、冷却,洗净后便可使用(图4-1-8)。

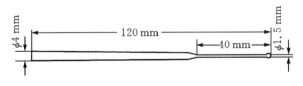

图4-1-8　小玻璃棒

(3)乳头滴管:切取26 cm长(内径约5 mm)的玻璃管,将中部置火焰上加热,拉细玻璃管。要求玻璃管细部的内径为1.5 mm,毛细管长约7 cm,切断并将切口熔光。把尖嘴管的另一端加热至发红变软,然后在石棉网上压一下,使管口外卷,冷却后,套上橡胶乳头即制成乳头滴管(图4-1-9)。

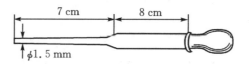

图 4-1-9　滴管

（4）60°和120°弯管的制作：切取一段的玻璃管，将中部置火焰上加热，弯好60°角后，再弯120°角。

三、注意事项

（1）切割玻璃管、玻璃棒时要防止划破手。

（2）使用酒精喷灯前，必须先准备一块湿抹布备用，以防失火。

（3）灼热的玻璃管、玻璃棒，须放在石棉网上冷却，切不可直接放在实验台上，防止烧焦台面；未冷却之前，不可用手触摸，以防烫伤。

思考题

1.酒精灯和酒精喷灯的使用过程中，应注意哪些安全问题？

2.在加工玻璃管时，应注意哪些安全问题？

3.切割玻璃管（棒）时，应怎样正确操作？

实验三　化学反应速率与活化能的测定

一、实验目的

1. 掌握$(NH_4)_2S_2O_8$与KI反应的速率、反应级数、速率常数和反应的活化能的测定方法；

2. 验证浓度、温度、催化剂对化学反应速率的影响；

3. 学会用 excel 软件对数据进行简单处理。

二、实验原理

本实验是通过水溶液中的过二硫酸铵和碘化钾这一慢速反应,采用初始速率法,用不同浓度、温度下反应速率的差异去求速率常数、反应级数及活化能。$(NH_4)_2S_2O_8$与KI在水溶液中发生如下反应:

$$(NH_4)_2S_2O_8 + 3KI \Longrightarrow (NH_4)_2SO_4 + K_2SO_4 + KI_3$$

其离子方程式为

$$S_2O_8^{2-} + 3I^- \Longrightarrow 2SO_4^{2-} + I_3^- \tag{1}$$

速率方程式为

$$v = kc^m(S_2O_8^{2-})c^n(I^-)$$

式中,$c(S_2O_8^{2-})$为反应$(S_2O_8^{2-})$的起始浓度;$c(I^-)$为反应(I^-)的起始浓度;v为该温度下的瞬时速率;k为速率常数;m为$S_2O_8^{2-}$的反应级数;n为I^-的反应级数。

近似地利用平均速率代替瞬时速率v,则

$$v = kc^m(S_2O_8^{2-})c^n(I^-) \approx -\frac{\Delta c(S_2O_8^{2-})}{\Delta t} = \bar{v}$$

为了测定Δt时间内$S_2O_8^{2-}$的浓度变化,在反应体系中加入一定量已知浓度$Na_2S_2O_3$溶液和指示剂淀粉溶液进行检测。原理是反应(1)进行的同时,KI与$Na_2S_2O_3$发生如下反应:

$$2S_2O_3^{2-} + I_3^- \Longrightarrow S_4O_6^{2-} + 3I^- \tag{2}$$

反应(2)为快反应,可瞬间完成,而反应(1)为慢反应,反应(1)生成的I_3^-立即与$S_2O_3^{2-}$作用,生成无色的$S_4O_6^{2-}$和I^-,一旦$Na_2S_2O_3$耗尽,反应(1)生成的I_3^-立即与淀粉作用,使溶液显蓝色,记录溶液变蓝所用时间Δt。

Δt即为$Na_2S_2O_3$完全反应所用时间,由于实验中所用$Na_2S_2O_3$的起始浓度相等,因

無機與分析化學實驗

054

而每份反应在所记录时间内 $\Delta c(S_2O_3^{2-})$ 都相等,从反应(1)和反应(2)中的关系可知,$S_2O_3^{2-}$ 所减少的物质的量是 $S_2O_8^{2-}$ 的两倍,每份反应的 $c(S_2O_8^{2-})$ 都相同,即有如下关系:

$$\bar{v} = \frac{-\Delta c(S_2O_8^{2-})}{\Delta t} = \frac{\Delta c(S_2O_3^{2-})}{2\Delta t} = \frac{c(S_2O_3^{2-})}{2\Delta t}$$

在相同温度下,固定 I^- 起始浓度,而只改变 $S_2O_8^{2-}$ 的浓度,分别测出反应所用时间 Δt_1 和 Δt_2,然后分别代入速率方程得

$$v_1 = \frac{-\Delta c(S_2O_8^{2-})}{\Delta t_1} = kc_1^m(S_2O_8^{2-})c_1^n(I^-)$$

$$v_2 = \frac{-\Delta c(S_2O_8^{2-})}{\Delta t_2} = kc_2^m(S_2O_8^{2-})c_2^n(I^-)$$

因为 $c_1(I^-) = c_2(I^-)$,则通过,$\dfrac{\Delta t_2}{\Delta t_1} = \left[\dfrac{c_1(S_2O_8^{2-})}{c_2(S_2O_8^{2-})}\right]^m$,求出 m。

同理保持 $c(S_2O_8^{2-})$ 不变,只改变 I^- 的浓度则可求出 n,$m + n$ 即为该反应级数。

由 $k = \dfrac{v}{c^m(S_2O_8^{2-})c^n(I^-)}$ 求出速率常数 k。

由 Arrhenius 方程得

$$\ln k = \ln k - \frac{E_a}{RT}$$

式中,E_a 为反应的活化能;R 为摩尔气体常数,$R = 8.314$ J/(mol·K);T 为热力学温度。

通过以 $\lg\{k\}$ 对 $1/T$ 作图,可得一直线,由直线的斜率($E_a/2.303RT$)可求得反应的活化能 E_a,见图 4 - 1 - 10。

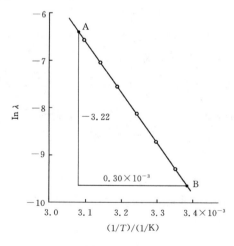

图 4 - 1 - 10

三、实验用品

1.试剂

$KI(0.2\ mol/L)$，$(NH_4)_2S_2O_8(0.2\ mol/L)$，$(NH_4)_2SO_4(0.2\ mol/L)$，$Cu(NO_3)_2$ $(0.02\ mol/L)$，$CuSO_4(0.1\ mol/L)$，$Na_2S_2O_3(0.01\ mol/L)$，$KNO_3(0.2\ mol/L)$，$H_2O_2(10\%)$，MnO_2(固体)，淀粉 0.2%，锌粉，锌粒，冰。

2.仪器

量筒，烧杯(100 mL)，温度计，秒表，恒温水浴锅。

四、实验步骤

1.浓度对化学反应速率的影响

在室温下，分别用三只量筒取 20 mL 0.2 mol/L 的 KI、4 mL 0.2% 的淀粉、8 mL 0.01 mol/L 的 $Na_2S_2O_3$ 溶液，倒入 100 mL 烧杯中，搅匀。然后用另一只量筒量取 20 mL 0.2 mol/L 的 $(NH_4)_2S_2O_8$ 溶液，迅速加入到该烧杯中，计时并不断搅拌，至溶液变蓝，读数，记下反应的时间和温度。用同样的方法按表 4-1-3 完成实验，并记录时间。为使每次实验中离子浓度和总体积不变，不足的量分别用 0.2 mol/L 的 KNO_3 溶液和 0.2 mol/L 的 $(NH_4)_2SO_4$ 溶液补足。

2.温度对化学反应速率的影响

按 4-1-3 中实验编号 4 的各试剂的用量，在分别比室温高 10 ℃、20 ℃ 的温度条件下进行实验。具体为将 KI、淀粉、$Na_2S_2O_3$ 和 KNO_3 溶液放在一个 100 mL 烧杯中混匀，$(NH_4)_2S_2O_8$ 放在另一烧杯中，水浴加热至所需温度后，将 $(NH_4)_2S_2O_8$ 溶液迅速倒入 KI 等混合液中，同时计时并不断搅拌，当溶液刚出现蓝色时，读数，记下反应时间和反应温度。

将这两次实验编号为 6、7 的数据和实验编号 4 的数据记录在表 4-1-4 中，求出不同温度下反应的速率常数。

表 4-1-3 浓度对化学反应速率的影响

实 验 编 号		1	2	3	4	5
试液的体积 V/mL	0.2 mol/L $(NH_4)_2S_2O_8$	20	10	5	20	20
	0.2 mol/L KI	20	20	20	10	5
	0.01 mol/L $Na_2S_2O_3$	8	8	8	8	8
	0.2% 淀粉	4	4	4	4	4
	0.2 mol/L KNO_3	0	0	0	10	15
	0.2 mol/L $(NH_4)_2SO_4$	0	10	15	0	0
反应物的起始浓度 c/(mol/L)	$(NH_4)_2S_2O_8$					
	KI					
	$Na_2S_2O_3$					
反应开始至溶液显蓝色时所需时间 Δt/s						
反应的平均速率 $\bar{v}$/[mol/(L·s)]						
反应的速率常数 k						
反应级数		$m=$		$n=$	反应级数$= m+n=$	

表 4-1-4 温度对化学反应速率的影响

实验编号	反应温度 T/℃	反应时间 Δt/s	反应速率 v/[mol/(L·s)]	反应速率常数 k	$\lg\{k\}$	$(1/T)$/(1/K)
4						
6						
7						

3.催化剂对化学反应速率的影响

1)单相催化

按表 4-1-3 实验编号 4 的各试剂的用量将 KI,$Na_2S_2O_3$,KNO_3 和淀粉加入到 100 mL 烧杯中,再按表 4-1-5 加入催化剂 $Cu(NO_3)_2$ 溶液,混匀并迅速加入 $(NH_4)_2S_2O_8$ 溶液,同时开始记录时间,搅拌至溶液刚变蓝,比较反应速率。

表 4-1-5 催化剂用量对化学反应速率的影响

实验编号	加入 $Cu(NO_3)_2$ 溶液(0.02 mol/L)的滴数	反应时间 $\Delta t/s$	反应速率 v /$[mol/(L \cdot s)]$
8	1		
9	5		
10	10		

2)多相催化

取 2 支试管,分别加入 2mL 10% 的 H_2O_2 溶液,在一支试管中加入少量的已灼烧过 MnO_2 固体粉末,观察比较两支试管中气泡产生的速率。

4.接触面对化学反应速率的影响

在装有 2mL 0.1mol/L 的 $CuSO_4$ 溶液的两只试管中分别加入少量锌粒和锌粉,观察颜色变化的快慢。

思考题

1.本实验中为什么可以由反应溶液出现蓝色时间的长短来计算反应速率? 反应溶液出现蓝色后,反应是否终止?

2.在实验过程中,向 KI、淀粉、$Na_2S_2O_3$ 混合液中加入$(NH_4)_2S_2O_8$ 溶液时,为什么必须迅速倒入?

3.若不用 $S_2O_8^{2-}$,而用 I^- 或 I_3^- 的浓度变化来表示反应速率,则反应速率常数 k 是否一样?

实验四　解离平衡

一、实验目的

1. 加深理解同离子效应、盐类水解平衡及其移动等基本原理和规律；
2. 学习缓冲溶液的配制方法，并试验其缓冲作用；
3. 学会弱酸或弱碱解离平衡常数的测量方法；
4. 学习使用 pH 计测定溶液 pH 的方法。

二、实验原理

弱电解质在水中存在解离平衡，如醋酸 HAc 为弱电解质，其水溶液存在下列平衡：

$$HAc \rightleftharpoons H^+ + Ac^-$$

起始浓度（mol/L）　　　　　c　　　　0　　0

平衡浓度（mol/L）　　　$c - c\alpha$　　$c\alpha$　　$c\alpha$

α 为解离度，则 HAc 的解离平衡常数 K_α^θ 为

$$K_\alpha^\theta = \frac{[H^+][Ac^-]}{[HAc]} = \frac{[H^+]^2}{(c - [H^+])} \quad ([H^+] \approx [Ac^-])$$

若已知弱电解质的初始浓度并测量出解离平衡时氢离子浓度，可计算出弱电解质的解离平衡常数。

弱电解质溶液中加入含有相同离子的另一强电解质时，弱电解质的解离程度降低的效应称为同离子效应。

盐类水解可改变溶液 pH，因为水解时可释放出 H^+ 和 OH^- 生成弱电解质。如 $BiCl_3$ 固体溶于水时就能产生 BiOCl 白色沉淀，同时使溶液的酸性增强。

$$BiCl_3 + H_2O \rightleftharpoons 2HCl + BiOCl \downarrow$$

缓冲溶液指的是弱酸及其盐或弱碱及其盐的混合溶液，当将其稀释或在其中加入少量的酸或碱时，溶液的 pH 改变很少。缓冲溶液的 pH（以 HAc 和 NaAc 为例）可用下式计算：

$$pH = pK_\alpha^\theta - \lg \frac{c(\text{酸})}{c(\text{盐})} = pK_\alpha^\theta - \lg \frac{c(HAc)}{c(Ac^-)}$$

$c(\text{酸})$、$c(\text{盐})$、$c(HAc)$、$c(Ac^-)$ 均指平衡时物质的浓度。

三、实验用品

1. 试剂

HCl（0.1 mol/L、1.0 mol/L、2.0 mol/L），HAc（0.1 mol/L、1 mol/L、0.2 mol/L 的标准液），NaOH（0.1 mol/L），$NH_3 \cdot H_2O$（0.1 mol/L、1.0 mol/L），NaCl（0.1 mol/L），NaAc（0.1 mol/L、1 mol/L），Na_2CO_3（0.1 mol/L），$NaHCO_3$（0.5 mol/L），NH_4Cl（0.1 mol/L、1 mol/L），$Al_2(SO_4)_3$（0.1 mol/L），$Fe(NO_3)_3$（0.1 mol/L），$BiCl_3$（0.1 mol/L），$CrCl_3$（0.1 mol/L），NH_4Ac（2 mol/L），甲基橙，酚酞。

2. 仪器

pH 计及 pH 电极，量筒（25 mL，6 个），点滴板，烧杯（50 mL，4 个），试管，酸式滴定管（2 个），石蕊试纸，pH 试纸，pH 为 6.86 的标准缓冲溶液，酒精灯，试管夹，铁架台，研钵，胶头滴管，漏斗，纱布，花瓣（如牵牛花），植物叶子（如紫甘蓝），酒精溶液（乙醇与水的体积比为 1：1），玻璃棒。

四、实验步骤

1. 同离子效应

在装有 2 mL 0.1 mol/L 的 HAc 溶液的试管中加入 1～2 滴甲基橙指示剂，摇匀，观察溶液的颜色。然后把上述溶液均分地倒在两支试管中，一支试管作对比，另一支试管中加入少量固体 NH_4Ac，振荡溶解，观察两只试管中溶液颜色的变化。

2. 盐类的水解平衡及其移动

1）用 pH 试纸分别检验 0.1 mol/L 的 NaAc、NH_4Cl、NaCl 溶液和去离子水的 pH，将结果与计算值比较。解释 pH 各不相同的原因。

2）温度、溶液酸度对水解平衡的影响

（1）在试管中加入 2 mL 1.0 mol/L 的 NaAc 溶液和 1 滴酚酞溶液，摇匀，观察溶液颜色。将溶液加热，观察溶液颜色的变化。

（2）在 2 支试管中分别加入 2 mL 去离子水和 3 滴 0.1 mol/L 的 $Fe(NO_3)_3$ 溶液，摇匀。将一支试管小火加热。对比两支试管中溶液的颜色。

3）溶液酸度对水解平衡的影响

在试管中加入 0.1 mol/L 的 $BiCl_3$ 溶液 1 滴，加入 2 mL 去离子水，观察溶液有何变化。再逐滴加入 2 mol/L 的 HCl 溶液，观察现象。当沉淀刚刚消失后，再加水稀释又有何变化。

4)能水解的盐类间的相互作用

(1)在装有 1 mL 0.1 mol/L 的 $Al_2(SO_4)_3$ 溶液的试管中,加入 0.5 mol/L 的 $NaHCO_3$ 溶液 1 mL,观察现象。

(2)在试管中加入 0.1 mol/L 的 $CrCl_3$ 溶液 1 mL,加入 1 mL 0.1 mol/L 的 Na_2CO_3 溶液,观察实验现象。

(3)在试管中加入 1 mol/L 的 NH_4Cl 溶液 1 mL,再加入 1 mL 1 mol/L 的 Na_2CO_3 溶液,将湿润的红色石蕊试纸放置于试管口,试管微微加热,观察现象。

3.缓冲溶液

1)缓冲溶液的配制及其 pH 的测定

按表 4-1-6 配制 4 种缓冲溶液,并用 pH 计分别测定其 pH。记录测定结果,将计算值与测定结果相比较。

表 4-1-6　缓冲溶液的配制

编号	配制溶液(用量筒各取 15.00 ml)	pH 测定值	pH 计算值
1	$NH_3 \cdot H_2O(1.0\ mol/L) + NH_4Cl(0.1\ mol/L)$		
2	$HAc(0.1\ mol/L) + NaAc(1.0\ mol/L)$		
3	$HAc(1.0\ mol/L) + NaAc(0.1\ mol/L)$		
4*	$HAc(0.1\ mol/L) + NaAc(0.1\ mol/L)$		

*用量筒各取 25.00 ml

2)试验缓冲溶液的缓冲作用

(1)在上面配制的已测定 pH 的第 4 号缓冲溶液中加入 0.10 mol/L 的 HCl 溶液 0.5 mL(约 10 滴),混匀,用 pH 计测定其 pH。再加入 0.10 mol/L 的 NaOH 溶液 1.0 mL(约 20 滴),混匀,用 pH 计测量其 pH。记录测量结果于表 4-1-7 中,并与计算值进行比较。

表 4-1-7　缓冲溶液性质的检验

编号	4 号缓冲液	pH 测定值	pH 计算值
5	先加入 0.5 mL 的 HCl(0.1 mol/L)溶液		
6	再加入 1.0 mL 的 NaOH(0.1 mol/L)溶液		

(2)于另一烧杯中加入 50 mL 去离子水,加入 0.10 mol/L 的 HCl 溶液 0.5 mL(约 10 滴),搅拌均匀,用 pH 计测定其 pH。再加入 0.10 mol/L 的 NaOH 溶液 1.0 mL(约 20 滴),搅拌均匀,用 pH 计测定其 pH。结果记录于表 4-1-8 中。

中文

表 4-1-8 缓冲溶液性质的检验

编号	50 mL 去离子水	pH 测定值	pH 计算值
7	先加入 0.5 mL 的 HCl(0.1 mol/L)溶液		
8	再加入 0.8 mL 的 NaOH(0.1 mol/L)溶液		

根据以上实验结果,总结缓冲溶液的性质。

4. HAc 解离平衡常数的测量

1)不同浓度的醋酸溶液的配制

在 4 只干燥的 100 mL 烧杯中,用酸式滴定管分别加入已标定的醋酸溶液 48.00、24.00、6.00、2.00 mL(注意接近所要刻度时应一滴一滴地加入)。然后,从另一盛有去离子水的滴定管(酸式或碱式均可)往烧杯中分别加入 0.00、24.00、42.00、46.00 mL 去离子水(使各溶液的体积均为 48.00mL),混均,求出醋酸溶液的精确浓度。

2)pH 的测定

用 pH 计分别测定上述各种浓度醋酸溶液的 pH(由稀到浓),记录各份溶液的 pH 及实验室的温度,计算各溶液中醋酸的解离度及其解离平衡常数,并记入表4-1-9中。

表 4-1-9 HAc 溶液的 pH 的测定

编号	C_{HAc}	pH 测定值	C_{H^+}	K_a^{θ}(HAc)	
				测定值	平均值
1					
2					
3					
4*					

5. 趣味实验

自制指示剂

由于许多植物的花、果、茎、叶中都含有色素,这些色素在酸性溶液或碱性溶液里显示不同的颜色,可以用作酸碱指示剂。

首先,制备花瓣色素的酒精溶液:取一些花瓣(或植物叶子、萝卜等),在研钵中捣烂,加入 5 mL 酒精溶液,搅拌。用漏斗过滤,所得滤液装入试管中待用。

在 3 支试管中分别滴入一些稀盐酸、稀 NaOH 溶液、蒸馏水,然后再分别滴入 3 滴花瓣色素的酒精溶液,观察现象。

最后,用植物叶子色素的酒精溶液、萝卜色素的酒精溶液等代替花瓣色素的酒精溶液重复上述实验,观察现象。

第 4 章 无机化学实验

061

实验五　沉淀反应

一、实验目的

1. 了解沉淀的生成和溶解条件以及沉淀的转化；
2. 学习离心机的使用。

二、实验原理

在难溶电解质的饱和溶液中，未溶解的难溶电解质和溶液中相应的离子之间建立了多相离子平衡。以 PbS 为例，在 PbS 饱和溶液中：

$$PbS \rightleftharpoons Pb^{2+} + S^{2-}$$

其平衡常数的表达式为 $K_{sp}^{\theta} = c_{Pb^{2+}} \cdot c_{S^{2-}}$，称为溶度积。

根据溶度积规则可判断沉淀的生成和溶解，例如，将 $Pb(Ac)_2$ 和 Na_2S 两种溶液混合，若：

(1) $c(Pb^{2+}) \cdot c(S^{-2}) > K_{sp}^{\theta}$ 溶液过饱和，有沉淀析出；

(2) $c(Pb^{2+}) \cdot c(S^{-2}) = K_{sp}^{\theta}$ 饱和溶液；

(3) $c(Pb^{2+}) \cdot c(S^{-2}) < K_{sp}^{\theta}$ 溶液未饱和，无沉淀析出。

使一种难溶电解质转化为另一种难溶电解质，即把一种沉淀转化为另一种沉淀的过程称为沉淀的转化。对于同一种类型的沉淀，溶度积大的难溶电解质易转化为溶度积小的难溶电解质；对于不同类型的沉淀，能否进行转化，要具体计算溶度积。沉淀反应常用于溶液中各种离子的分离。

三、实验用品

1. 试剂

HCl(2 mol/L)，NaOH(2.0 mol/L)，$NH_3 \cdot H_2O$(2.0 mol/L)，Na_2SO_4(0.5 mol/L)，Na_2CO_3(饱和)，Na_2S(0.1 mol/L)，KI (0.02 mol/L)，K_2CrO_4(0.1 mol/L)，$CaCl_2$(0.5 mol/L)，$MgCl_2$(0.1 mol/L)，$Al(NO_3)_3$(0.1 mol/L)，$Pb(NO_3)_2$(0.1 mol/L)，$Pb(Ac)_2$(0.1 mol/L)，$Fe(NO_3)_3$(0.1 mol/L)，$AgNO_3$(0.1 mol/L)，$NaNO_3$固体，NaCl(0.1 mol/L)，NH_4Cl (1.0 mol/L)。

2.仪器

离心机。

四、实验内容

1.沉淀的生成和溶解

(1)将 1 滴 0.01 mol/L 的 Pb(Ac)$_2$ 溶液滴入试管中,再滴加 0.02 mol/L 的 KI 溶液 1 滴,摇匀,观察现象。再加入 5 mL 水,振荡,观察现象并解释。

(2)将 2 滴 0.1 mol/L 的 Na$_2$S 溶液滴入试管中,再滴加 2 滴 0.1 mol/L 的 Pb(NO$_3$)$_2$溶液,摇匀,观察现象并解释。

(3)将 2 滴 0.1 mol/L 的 K$_2$CrO$_4$ 溶液滴入试管中,再滴加 1 滴 0.1 mol/L 的 Pb(NO$_3$)$_2$溶液,摇匀,观察现象并解释。

(4)将 2 滴 0.1 mol/L 的 AgNO$_3$ 溶液滴入试管中,再滴加 0.1 mol/L 的 K$_2$CrO$_4$溶液 2 滴,摇匀,观察现象并解释。

(5)将 2 滴 0.1 mol/L 的 NaCl 溶液滴入试管中,再滴加 0.1 mol/L 的 AgNO$_3$ 溶液 2 滴,摇匀,观察现象并解释。

2.分步沉淀

(1)将 1 滴 0.1 mol/L 的 Na$_2$S 溶液滴入试管中,再滴加 0.1 mol/L 的K$_2$CrO$_4$ 溶液 1 滴,用水稀释至 1 mL,混匀。首先在试管中滴入 1 滴 0.1 mol/L 的 Pb(NO$_3$)$_2$ 溶液,观察实验现象,离心分离后,观察试管底部沉淀的颜色,取出上清液,向清液中继续滴加 Pb(NO$_3$)$_2$溶液,观察生成沉淀的颜色。

(2)将 0.1 mol/L 的 AgNO$_3$ 溶液和 Pb(NO$_3$)$_2$溶液各 2 滴加入试管中,加水稀释至 5 mL,摇匀。逐滴加入 0.1 mol/L 的 K$_2$CrO$_4$ 溶液,每加入 1 滴摇匀,观察实验现象,离心分离,观察试管底部沉淀的颜色的变化。

3.沉淀的溶解

(1)在两支试管中分别加入 0.1 mol/L 的 MgCl$_2$溶液 0.5 mL 和数滴 2.0 mol/L 的 NH$_3$·H$_2$O 溶液,观察沉淀生成。将几滴 2.0 mol/L 的 HCl 溶液加入一支试管;在另一支试管中加入数滴 1.0 mol/L 的 NH$_4$Cl 溶液,观察沉淀是否溶解。

(2)在试管中加入 0.01 mol/L 的 Pb(Ac)$_2$ 溶液 2 滴和 0.02 mol/L 的 KI 溶液 2 滴,加入 1.0 mL 去离子水和少量 NaNO$_3$固体,振荡试管,至沉淀消失。

4.沉淀的转化

在 2 支试管中各加入 1 mL 0.5 mol/L 的 CaCl$_2$溶液和 Na$_2$SO$_4$ 溶液,振荡至

生成沉淀,若无沉淀生成,可适当加热,离心分离,弃去清液。在其中 1 支试管中加入 2.0 mol/L 的 HCl 溶液 1mL,观察沉淀是否溶解;在另一支试管中加入饱和 Na_2CO_3 溶液 1 mL,充分振荡,离心分离,弃去清液,用去离子水洗涤沉淀 1~2 次,然后在沉淀中加入 2.0 mol/L 的 HCl 溶液 1 mL,观察沉淀是否溶解。

5.沉淀法分离混合离子

设计实验方案,分离 Ag^+、Fe^{3+}、Al^{3+} 这三种离子,并画出分离过程示意图。

思考题

1.通过计算:

(1)判别 2 滴 0.01 mol/L 的 $Pb(Ac)_2$ 溶液与 2 滴 0.02 mol/L 的 KI 溶液混合,能否生成沉淀。

(2)判别取 2 滴 0.01 mol/L 的 $Pb(Ac)_2$ 溶液,稀释到 5 mL 后,加入 0.02 mol/L 的 KI 溶液 2 滴,能否生成沉淀。

2.判断沉淀生成的先后顺序:将 2 滴 0.10 mol/L 的 $AgNO_3$ 溶液和 2 滴 0.10 mol/L 的 $Pb(NO_3)_2$ 溶液混合并稀释到 5 mL 后,再逐滴加入 0.10 mol/L 的 K_2CrO_4 溶液。

3. 计算 $CaSO_4$ 沉淀与 Na_2CO_3 饱和溶液反应的平衡常数。试用平衡移动原理解释 $CaSO_4$ 沉淀转化为 $CaCO_3$ 沉淀的原因。

实验六　碘化铅溶度积常数的测定

一、实验目的

(1)掌握用分光光度计测定难溶盐溶度积常数的原理和方法;
(2)学习单光束单波长分光光度计和振荡器的使用方法;
(3)学习标准曲线法测物质浓度。

二、实验原理

难溶强电解质在溶液中达到沉淀溶解平衡状态时,各离子浓度幂的乘积为一个常数,称为溶度积常数,简称溶度积。同一难溶强电解质的溶度积只与温度有关。测定溶度积的方法很多,如电导法、电位法、滴定法、离子交换树脂法、分光光度法等。上述方法都是在物质达到沉淀溶解平衡时,测定平衡时各物种离子浓度来确定物质的溶度积。

本实验中碘化铅的溶度积常数采用分光光度法测定。碘化铅在饱和溶液中存在下列平衡:

$$Pb^{2+} \quad + \quad 2I^- \quad \rightleftharpoons \quad PbI_2(s)$$

初始浓度/(mol/L) 　　　c 　　　　　a
反应浓度/(mol/L) 　　$(a-b)/2$ 　　　$a-b$
平衡浓度/(mol/L) 　$c-(a-b)/2$ 　　　b

$$K_{sp} = c(Pb^{2+}) \cdot c^2(I^-) = [c-(a-b)/2]b^2$$

从上述关系看出,获得沉淀溶解平衡时 I^- 浓度,再根据上述定量关系得到平衡时 Pb^{2+} 浓度,最后由溶度积常数表达式得到室温下碘化铅的溶度积。由于 I^- 在可见光区无吸收,因此,首先将沉淀溶解平衡体系中 I^- 与 KNO_2 反应得到碘单质,再采用标准曲线法,得到沉淀溶解平衡体系中 I^- 浓度。

三、实验用品

1.试剂

HCl(6.0 mol/L),Pb$(NO_3)_2$(0.015 mol/L),KI(0.035、0.003 5 mol/L),
KNO_2(0.020、0.010 mol/L)。

2.仪器

可见分光光度计,烧杯,试管,移液管,漏斗,玻璃棒,胶头滴管,滤纸,镜头纸,橡皮塞。

四、实验步骤

1.浓度标准曲线的绘制

在 5 支干燥试管中分别用移液管移入 1.00、1.50、2.00、2.50、3.00 mL 的 KI (0.0035 mol/L)溶液,再依次移入 2.00 mL 的 KNO_2(0.020 mol/L)溶液、3.00 mL 去离子水并分别滴加 1 滴 HCl(6.0 mol/L)。摇匀后,以水为参比液,在 520 nm 波长下测定其吸光度。以吸光度为纵坐标,以 I^- 浓度为横坐标,绘制 I^- 离子浓度标准曲线。

2.制备 PbI_2 饱和溶液

(1)取三支干燥的大试管,按表 4-1-10 用量加入 0.015 mol/L 的 $Pb(NO_3)_2$ 溶液、0.035 mol/L 的 KI 溶液、去离子水,使每个试管中溶液的总体积为 10.00 mL。

(2)加完试剂后,用振荡器充分摇荡试管 20 min,然后将试管静置 3~5 min。

(3)在装有干燥滤纸的干燥漏斗上,将制得的含有 PbI_2 固体的饱和溶液过滤。同时用干燥的试管接收滤液。

(4)在三支干燥的小试管中用移液管分别吸取 1 号、2 号、3 号 PbI_2 的饱和溶液 2.0 mL,再分别注入 0.01 mol/L 的 KNO_2 溶液 4.0 mL,并滴加 6.0 mol/L 的 HCl 1 滴。摇匀后,分别倒入比色皿中(1.0 cm),以水为参比在 520 nm 波长下测定溶液的吸光度并进行计算。

表 4-1-10 PbI_2 饱和溶液制备物质配比关系

试管编号	$Pb(NO_3)_2$ 溶液体积/mL	KI 溶液体积/mL	去离子水体积/mL
1	5.00	3.00	2.00
2	5.00	4.00	1.00
3	5.00	5.00	0.00

五、实验结果

表 4-1-11　PbI₂溶度积常数的求算

试管编号	1	2	3
$Pb(NO_3)_2$溶液(0.015 mol/L)体积/mL	5.00	5.00	5.00
KI溶液(0.035mol/L)体积/mL	3.00	4.00	5.00
去离子水体积/mL	2.00	1.00	0.00
溶液总体积/mL			
I⁻初始浓度/(mol/L)			
稀释后溶液的吸光度			
由标准曲线查得稀释后的I⁻浓度/(mol/L)			
推算I⁻的平衡浓度,b/(mol/L)			
$c^2(I^-)$,b^2/(mol/L)			
I⁻的减少浓度$(a-b)$/(mol/L)			
Pb^{2+}初始浓度 c/(mol/L)			
Pb^{2+}的减少浓度$[(a-b)/2]$/(mol/L)			
Pb^{2+}的平衡浓度$[c-(a-b)/2]$/(mol/L)			
$K_{sp}=[c-(a-b)/2]b^2$			
K_{sp}的平均值			

思考题

1. 制备的碘化铅饱和溶液为什么要充分振荡?
2. 如果使用不干燥的试管配比色溶液,对结果产生什么影响?

实验七　氧化还原反应

一、实验目的

1. 加深理解电极电势与氧化还原反应的关系；
2. 加深理解温度、介质的酸碱性、物质浓度对电极电势和氧化还原反应的影响；
3. 学会用酸度计的"mV"部分，粗略测量原电池电动势的方法。

二、实验原理

对于电极反应

$$O_x + ne \Longrightarrow Red$$

其电对的电极电势为

$$E = E^{\ominus} + \frac{RT}{nF}\ln\frac{c[O_x]}{c[Red]}$$

电对的 E 越大，氧化型(剂)氧化能力越强；E 越小，还原型(剂)还原能力越强。电对的电极电势与参与氧化或还原半反应的物质浓度、反应温度以及反应介质有关。任何引起物质浓度的变化都将影响电对的电极电势。根据氧化剂和还原剂所对应的电对电极电势的相对大小可以来判定氧化还原反应进行的方向、顺序和反应程度。

$$\Delta E = E_{氧化剂} - E_{还原剂} > 0，反应自发进行$$

$$\Delta E = E_{氧化剂} - E_{还原剂} = 0，反应处于平衡$$

$$\Delta E = E_{氧化剂} - E_{还原剂} < 0，反应不能自发进行$$

三、实验用品

1. 试剂

H_2SO_4(2.0 mol/L)，$H_2C_2O_4$(0.1 mol/L)，HAc(1.0 mol/L)，NaOH(2.0 mol/L)，$NH_3 \cdot H_2O$(6.0 mol/L)，$KMnO_4$(0.01 mol/L)，KI(0.02 mol/L)，KBr(0.1 mol/L)，Na_2SiO_3(0.5 mol/L)，Na_2SO_3(0.1 mol/L)，KIO_3(0.1 mol/L)，$ZnSO_4$(0.1、0.5、1.0 mol/L)，$CuSO_4$(0.5、0.1、0.005 mol/L)，$Pb(NO_3)_2$(0.5 mol/L)，$FeCl_3$(0.1 mol/L)，KCl(0.001 mol/L)，$FeSO_4$(0.1 mol/L)，I_2 水，Br_2 水，CCl_4，H_2O_2

(3%),蓝色石蕊试纸,盐桥,Cu 电极,Zn 电极,饱和甘汞电极。

2.仪器

酸度计,烧杯,量筒,导线,灵敏电流计,番茄,铜片,锌片,胶头滴管,温度计。

四、实验内容

1.电极电势与氧化还原反应的关系

(1)在 0.5 mL 0.1mol/L 的 KI 溶液中加入 0.1 mol/L 的 $FeCl_3$ 溶液 2～3 滴,观察现象。再加入 1 mL 的 CCl_4,振荡,观察 CCl_4 层的颜色。

(2)用 0.1 mol/L 的 KBr 溶液代替 0.1 mol/L 的 KI 溶液,进行(1)的实验,观察现象。

对比(1)、(2)实验结果,比较 Br_2/Br^-、I_2/I^-、Fe^{3+}/Fe^{2+} 三个电对电极电势的大小,并指最强的氧化剂和最强的还原剂。

(3)在两支试管中分别加入 I_2 水和 Br_2 水各 0.5 mL,再加入 0.1 mol/L 新制 $FeSO_4$ 溶液少许及 0.5 mL 的 CCl_4,摇匀,观察现象。

根据(1)、(2)、(3)实验结果,说明电极电势与氧化还原反应方向的关系。

2.介质对氧化还原反应的影响

(1)在试管中加入 0.1 mol/L 的 KI 溶液 10 滴和 0.1 mol/L 的 KIO_3 溶液 2～3 滴,观察有无变化。再加入几滴 2.0 mol/L 的 H_2SO_4 溶液,观察现象。再逐滴加入 2.0 mol/L 的 NaOH 溶液,观察反应的现象,并作出解释。

(2)取三支试管,各加入 0.01 mol/L 的 $KMnO_4$ 溶液 5 滴。第一支试管加入 5 滴 3.0 mol/L 的 H_2SO_4 溶液,第二支试管中加入 5 滴 H_2O,第三支试管中加入 5 滴 6 mol/L 的 NaOH 溶液,然后往三支试管中各加入 0.1 mol/L 的 Na_2SO_3 溶液 5 滴。观察实验现象,并写出离子反应方程式。

3.H_2O_2 的氧化还原性

(1)在试管中加入 0.1 mol/L 的 KI 5 滴,再加入 3 mol/L 的 LH_2SO_4 2 滴,再加入 3% H_2O_2 5 滴,摇匀,再加入 1 mL 的 CCl_4 震荡,观察实验现象,并写出离子反应方程式。

(2)用 0.01 mol/L 的 $KMnO_4$、3 mol/L 的 H_2SO_4、3% H_2O_2,设计一个实验,证明在酸性介质中 $KMnO_4$ 能氧化 H_2O_2 的事实。

提示:在试管中加入 0.01 mol/L 的 $KMnO_4$ 5 滴,再加入 3 mol/L 的 H_2SO_4 2 滴,再加入 3% H_2O_2 数滴。观察实验现象,并写出离子反应方程式。

4.浓度、温度对氧化还原反应及电极电势的影响

1)浓度对氧化还原反应的影响

在两支试管中,分别盛有 0.5 mol/L 和 0.1 mol/L 的 $Pb(NO_3)_2$ 溶液各 3 滴,都加入 1.0 mol/L 的 HAc 溶液 30 滴,混匀后,再逐滴加入 26～28 滴 Na_2SiO_3(0.5 mol/L)溶液,摇匀,用蓝色石蕊试纸检查,使溶液呈酸性,在 90℃ 水浴中加热(切记:温度不可超过 90℃)。此时,两试管中均出现胶冻。从水浴中取出两支试管,冷却后,同时往两支试管中插入表面积相同的锌片,观察两支试管中"铅树"生长的速度,并作出解释。

2)温度对氧化还原反应的影响

A、B 两支试管中都加入 0.01 mol/L 的 $KMnO_4$ 溶液 1 mL 和 3.0 mol/L 的 H_2SO_4 溶液 5 滴,C、D 两支试管都加入 0.1 mol/L 的 $H_2C_2O_4$ 溶液 5 滴。将 A、C 试管放在水浴中加热几分钟后混合,同时,将 B、D 试管中的溶液混合。比较两组混合溶液颜色的变化,并做出解释。

3)Zn 标准电极电势的测量

在 50 mL 烧杯中,加入 20 mL 0.5 mol/L 的 $ZnSO_4$ 溶液,将 Zn 电极和饱和甘汞电极插入 $ZnSO_4$ 溶液中,电极并分别与酸度计的"＋"、"－"连接。测量两极之间的电动势。

4)浓度对电极电势的影响

在两只 50 mL 烧杯中,分别加入 20 mL 0.5 mol/L 的 $ZnSO_4$ 溶液和 0.5 mol/L 的 $CuSO_4$ 溶液。在 Cu 电极插入 $CuSO_4$ 溶液中,Zn 电极插入 $ZnSO_4$ 溶液中,电极并分别与酸度计的"＋"、"－"连接,溶液以盐桥相连。测量两极之间的电动势。

用 0.005 mol/L 的 $CuSO_4$ 代替 0.5 mol/L 的 $CuSO_4$,观察电动势有何变化,解释实验现象,说明浓度的改变对电极电势的影响,并计算铜电极标准电极电势。

5.趣味实验——水果电池

取 2 个半熟的番茄,相隔一定距离,分别插入铜片和锌片,按图 4-1-11 所示,用导线将铜片与锌片及电流计相连,观察现象。如用耳机的两端接触铜片和锌片,便能清晰地听到声音。

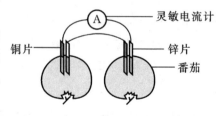

图 4-1-11　番茄电池连接示意图

思考题

1.为什么 H_2O_2 既有氧化性又有还原性?在何种情况下作氧化剂?在何种情况下作还原剂?

2.介质的酸碱性对哪些氧化还原反应有影响?

3.如何用实验证明 $KClO_3$、$K_2Cr_2O_7$ 等溶液在酸性介质中才有氧化性?

实验八　硼、碳、硅

一、实验目的

1. 掌握二氧化碳、碳酸盐和酸式碳酸盐在水溶液中互相转化的条件；
2. 掌握硼、硅的相似相异性，进一步理解元素的对角线关系；
3. 掌握硅酸盐及硼酸盐的性质。

二、实验原理

硼为第二周期ⅢA族元素，其价电子构型为 $2s^2 2p^1$。碳、硅为ⅣA族元素，价电子构型为 $ns^2 np^2$。硼和硅处于元素周期表对角线位置，因而表现出一定的相似性。

碳酸盐溶液与盐酸反应生成的 CO_2 通入 $Ca(OH)_2$ 溶液中，能使 $Ca(OH)_2$ 溶液变混浊，这一方法用于鉴定 CO_3^{2-}。

硼酸是一元弱酸，它在水溶液中的解离不同于一般的一元弱酸。硼酸是 Lewis 酸，能与多羟基醇发生加合反应，使溶液的酸性增强。

硼砂的水溶液因水解而呈现碱性。硼砂溶液与酸反应可析出硼酸。硼砂受热脱水熔化为玻璃体，与不同金属的氧化物或盐类熔融生成具有不同特征颜色的偏硼酸复盐，即硼砂珠试验。

硅酸钠水解明显。大多数硅酸盐难溶于水，过渡金属的硅酸盐呈现不同的颜色。

三、实验用品

1.试剂

H_2SO_4（6 mol/L，浓），HCl（6.0 mol/L，浓），$Ca(OH)_2$（新配制），Na_2CO_3（0.1 mol/L），$NaHCO_3$（0.1 mol/L），Na_2SiO_3（0.5 mol/L，20％(m)），NH_4Cl（饱和），$Na_2B_4O_7 \cdot 10H_2O$(s)，H_3BO_3(s)，Cr_2O_3，$CaCl_2$，$CuSO_4 \cdot 5H_2O$(s)，$NiSO_4 \cdot 7H_2O$(s)，$ZnSO_4 \cdot 7H_2O$(s)，$FeCl_3 \cdot 6H_2O$(s)，$MnSO_4$(s)，$Co(NO_3)_2$，乙醇（工业纯），甘油，镍铬丝，白糖，果味香精，柠檬酸，红糖，活性炭，甲基橙，碳酸氢钠（固体）。

2.仪器

试管,玻璃棒,汽水瓶,烧杯,滤纸,漏斗,水浴锅,胶头滴管,蒸发皿,火柴,环形镍铬丝,酒精灯,pH 试纸。

四、实验步骤

1.碳酸盐及其性质

1)碳酸盐的水解作用

用 pH 试纸测定 0.1 mol/L 的 Na_2CO_3 溶液和 0.1 mol/L 的 $NaHCO_3$ 溶液的 pH。

2)碳酸盐的热稳定性

分别加热盛有约 2 g 的 Na_2CO_3 或 $NaHCO_3$ 固体的两支试管,并将生成的气体通入装有石灰水的试管中,观察石灰水变浑浊的顺序,并解释。

3)自制汽水——趣味实验

取一个 100 mL 干净的汽水瓶,加入冷开水至汽水瓶 80% 体积,然后可加入白糖及 1~2 滴果味香精溶解,再加入 5 g 碳酸氢钠,搅拌溶解,迅速加入 5 g 柠檬酸,立即将瓶盖压紧,将瓶子放置在冰箱中降温。取出后,打开瓶盖就可以饮用。写出相关反应式。

4)红糖制白糖

在装有 30 mL 水的小烧杯中,加入 5 g 红糖,加热溶解。然后加入 2 g 活性炭,并不断搅拌,趁热过滤。将滤液转移到小烧杯里,在水浴中蒸发浓缩。当体积减少到原溶液体积的 1/4 左右时,停止加热。从水浴中取出烧杯,自然冷却,有白糖析出。

2.硼酸的制备及性质

1) 硼酸的鉴定

在蒸发皿中放入少量硼酸晶体,用滴管加入少许乙醇和几滴浓硫酸,混匀后点燃,观察硼酸三乙酯蒸气燃烧时产生的特征绿色火焰。此反应可用于含硼化合物的鉴别。

2)硼酸的制备

在试管中加入 1 g 硼砂和 2 mL 去离子水,微热溶解,用 pH 试纸测定溶液的 pH。然后加入 6 mol/L 的 H_2SO_4 溶液 1 mL,将试管放在冰水中冷却,并用玻璃棒不断搅拌,观察硼酸晶体的析出。写出有关反应的离子方程式。

3)硼酸的性质

取 1 mL 饱和硼酸溶液测其 pH。再往溶液中滴入一滴甲基橙,并将溶液分成两份,一份加 10 滴甘油,混合均匀,比较溶液颜色。解释并写出反应式。该实验说明硼酸具有什么性质?

3. 硼砂珠试验

用环形镍铬丝蘸取浓 HCl(盛在试管中),用酒精灯外焰灼烧至近无色后,迅速蘸取少量硼砂,灼烧至玻璃状,观察硼砂颜色及形状。用烧红的硼砂珠蘸取少量 $Co(NO_3)_2 \cdot 6H_2O$ 或 Cr_2O_3 固体,灼烧至熔融,冷却后观察硼砂珠的颜色。写出反应方程式。

4. 硅酸钠的水解和硅酸凝胶的形成

1)硅酸钠的水解

用 pH 试纸测试 20%(m)Na_2SiO_3 溶液的 pH。在装有 1 mL 0.5 mol/L 的 Na_2SiO_3 溶液的试管中,加入 2 mL 饱和 NH_4Cl 溶液,混合均匀,用湿润的 pH 试纸在试管口检验逸出气体的酸碱性。

2)硅酸凝胶的形成

(1)向装有 1 mL 0.5 mol/L 的 Na_2SiO_3 溶液的试管中,通入二氧化碳(在盛有 5 g 石灰石,加入 5 mL 0.5 mol/L 的 HCl,用带导管的塞盖紧,将气体导入试管即可);

(2)在装有 1 mL 0.5 mol/L 的 Na_2SiO_3 溶液的试管中,滴加 0.5 mol/L 的 HCl,使溶液 pH 在 6~9 之间,为促进凝胶的生成,可适当微热试管;

5. 难溶性硅酸盐的生成——"水中花园"

25 mL 的 20%(m)Na_2SiO_3 水玻璃倒入 50 mL 的烧杯中,分别在不同位置放入米粒大小的固体 $CaCl_2$、$CuSO_4$、$Co(NO_3)_2$、$MnSO_4$、$ZnSO_4$、$FeCl_3$、$NiSO_4 \cdot 7H_2O$,记住它们的位置,放置约 1h 后观察实验现象,并解释。

实验九　水热法制备纳米二氧化硅

一、实验目的

1.掌握纳米二氧化硅的一般特征和水热制备方法；

2.熟悉 X 射线衍射仪（XRD）和傅里叶变换红外光谱仪（FT‑IR）的使用和操作。

二、实验原理

二氧化硅又称硅石，化学式为 SiO_2。自然界中存在有结晶二氧化硅和无定形二氧化硅两种。二氧化硅晶体中，硅原子的 4 个价电子与 4 个氧原子形成 4 个共价键，硅原子位于正四面体的中心，4 个氧原子位于正四面体的 4 个顶角上，SiO_2是表示组成的最简式，仅是表示二氧化硅晶体中硅和氧的原子个数之比。

二氧化硅是原子晶体，化学性质稳定，用于制造石英玻璃、光学仪器、化学器皿、普通玻璃、耐火材料、光导纤维、陶瓷等。二氧化硅不溶于水也不跟水反应，是酸性氧化物，不跟一般酸反应。二氧化硅可与气态氟化氢反应生成气态四氟化硅，与热的浓强碱溶液或熔化的碱反应生成硅酸盐和水，与多种金属氧化物在高温下反应生成硅酸盐。

通常采用正硅酸乙酯在酸性或者碱性条件下经过水解缩合反应获得纳米二氧化硅。

正硅酸乙酯在醇中的化学反应简单可描述为

$$Si(OR)_n + nH_2O \longrightarrow Si(OH)_n + nHOR \tag{1}$$

反应（1）称为水解反应过程。

$$Si(OH)_n + Si(OH)_n \longrightarrow (HO)_{n-1}Si-O-Si(OH)_{n-1} + H_2O \tag{2}$$

$$Si(OH)_n + Si(OR)_n \longrightarrow (HO)_{n-1}Si-O-Si(OR)_{n-1} + HOR \tag{3}$$

反应（2）和（3）称为聚合或缩聚反应。

随着聚合反应不断地进行，最终会形成氧化物的颗粒（沉淀）或网络结构（凝胶）。

三、实验用品

1.试剂

氨水（0.25mol/L），无水乙醇，正硅酸乙酯。其它：pH 试纸，蒸馏水。

2.仪器

圆底烧瓶,量筒,磁力搅拌仪,烧杯,玻璃水槽。

3.产品检测

采用 X 射线衍射仪(XRD)对纳米二氧化硅晶型结构进行分析;采用傅里叶变换红外光谱仪对纳米二氧化硅结构进行 FT－IR 分析。

四、实验步骤

1.纳米二氧化硅的制备

(1)量取 10 mL 的正硅酸乙酯,20 mL 无水乙醇,20 mL 蒸馏水,加入圆底烧瓶中,搅拌约 30 min,使得混合液均匀。

(2)加入 0.25 mol/L 的氨水调节溶液的 pH 为 8～9,在 45℃下反应 4 h。

(3)离心得到溶胶,用蒸馏水洗涤至中性,再用无水乙醇洗涤 2 次。放入真空干燥箱中干燥 4 h,研磨后放入马弗炉中在约 250 ℃下焙烧制得所需 SiO_2 粉末样品。

2.二氧化硅的检测分析

采用 X 射线衍射仪对纳米二氧化硅晶型结构进行分析,样品在 $2\theta=15\sim30°$ 附近出现馒头峰,说明制备的二氧化硅样品为无定形二氧化硅。

采用傅里叶变换红外光谱仪对纳米二氧化硅进行 FT－IR 分析,二氧化硅在 3473、1646、1085、796 以及 463 cm^{-1} 处出现吸收峰。其中 3473 cm^{-1} 处的吸收峰对应于为硅羟基以及吸附水的伸缩振动峰,1646 cm^{-1} 处的吸收峰为表面吸附水中羟基的弯曲振动峰。在 1085、796 以及 463 cm^{-1} 处出现的峰分别为 Si—O 的反对称伸缩振动峰、对称伸缩振动峰以及弯曲振动峰。由于在 1646 cm^{-1} 处峰强度较低,说明二氧化硅表面吸附水较少,故在 3473 cm^{-1} 处出现的峰主要为硅羟基的伸缩振动峰。

五、实验结果

记录实验数据及检测图谱,并进行识谱分析。

思考题

1.试分析还有哪些方法可以制备二氧化硅。

2.获得二氧化硅沉淀及凝胶的条件是什么？

附：二氧化硅的 FT－IR 及 X－RD 图谱（图 4－1－12、图 4－1－13）。

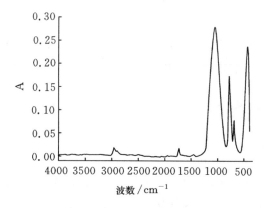

图 4－1－12　SiO₂ 的 FT-IR

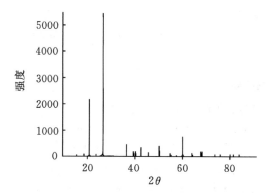

图 4－1－13　SiO₂ 的 XRD 图谱

实验十　玻璃片的刻蚀

一、实验目的

1. 掌握刻蚀玻璃片的方法；
2. 了解光学显微镜的使用方法。

二、实验原理

玻璃表面常用的刻蚀方法是氢氟酸腐蚀。其原理是由于在玻璃的表面形成了许多不连续的氟硅酸盐晶体,被这些晶体覆盖的局部可以阻止酸蚀液进一步地侵蚀,而晶体之间的玻璃相在酸蚀液的作用下则不断地发生断网和脱离玻璃的表面,从而产生了粗糙的表面。

玻璃表面酸蚀包含着一系列复杂的物理化学过程。当玻璃与酸蚀液接触以后,氢氟酸首先与玻璃中的各种氧化物反应生成氟化物,其过程可以用以下的化学反应式来表示：

$$SiO_2 + HF \longrightarrow SiF_4 + H_2O$$
$$CaO + HF \longrightarrow CaF_2 + H_2O$$
$$Na_2O + HF \longrightarrow NaF + H_2O$$

其中的 NaF 溶于水,CaF_2 形成了沉淀,而 SiF_4 是气态的,但它并不能全部挥发掉。处于玻璃表面新生的 SiF_4 与溶液中的氟化物继续反应,生成了氟硅酸盐晶体。

$$SiF_4 + NH_3F \longrightarrow (NH_4)_2SiF_6$$
$$SiF_4 + KF \longrightarrow K_2SiF_6$$
$$SiF_4 + NaF \longrightarrow Na_2SiF_6$$

最初形成的氟硅酸盐晶核随时间逐渐长大,在玻璃表面形成了孤岛状的氟硅酸盐晶体。因为他们在酸蚀液中有限的溶解度,所以可以保护被晶体覆盖的玻璃不受酸蚀。而作为晶界的连续玻璃相则不然,网络的解体使玻璃表面形成了低洼的沟槽,对光发生散射,宏观上就是毛面玻璃。

三、实验用品

1.试剂

十二烷基苯磺酸钠、HF(300 mL 40% AR 级)、NaF(30 g AR 级)、KF(30 g AR 级)、NH_4F(30 g AR 级)。

2.仪器

超级恒温器(或恒温水浴锅)、普通钠钙玻璃载玻片、塑料(聚乙烯)烧杯(500 mL)、光学显微镜。

四、实验步骤

1.预处理

用阴离子表面活性剂十二烷基苯磺酸钠处理玻璃表面,然后用去离子水冲洗干净,烘干待用。

2.三种腐蚀液的配制

向三杯 100 mL 40% HF 中分别加入 30 g NaF、KF 和 NH_4F,搅拌使之完全溶解。

3.酸蚀处理

将处理后的玻璃片浸入三种酸蚀液中后移入超级恒温器或者恒温水浴锅,水浴 25 ℃ 分别进行 2 s 和 20 s 的浸渍处理。

4.显微镜观测

将酸蚀后的玻璃片用热水冲洗干净,干燥。用光学显微镜观察晶体形貌并拍摄显微照片。

思考题

1.NaF、KF 和 NH_4F 在酸蚀液中有什么作用?

2.反应产物的溶解度对玻璃毛表面的均匀度有没有直接影响?

3.玻璃表面形成的晶核密度过大或过小时是否有利于获得效果良好的玻璃毛表面?为什么?在什么情况时可以获得效果良好的玻璃毛表面?

4.浸渍处理的时间对形成玻璃毛表面有什么影响?

附:不同腐蚀方法的玻璃表面图像(图 4-1-14、图 4-1-15)

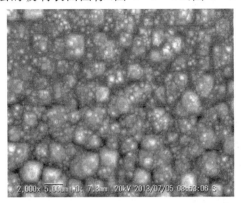

图 4-1-14　NaF 腐蚀法

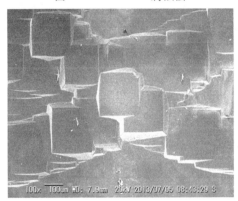

图 4-1-15　NH₄F 腐蚀法

实验十一　氮、磷、氧、硫

一、实验目的

1. 掌握亚硝酸、硝酸及其相应的盐的主要性质；
2. 了解磷酸盐的主要化学性质；
3. 掌握 NH_4^+，NO_3^-，NO_2^- 和 PO_4^{3-} 等离子的鉴定方法。

二、实验原理

氮、磷、氧、硫为典型非金属元素。氮、磷为 ⅤA 族元素，价电子构型为 ns^2 np^3，最高氧化数为 +5，最低氧化数为 -3。

氧、硫为 ⅥA 族元素，价电子构型为 $ns^2 np^4$，最高氧化数为 +6，最低氧化数为 -2。氧、硫为较活泼的非金属元素。H_2O_2 为一种重要的过氧化物，其氧元素的电势图如下：

$$酸性条件：O_2 \xrightarrow{0.694\ 5\ V} H_2O_2 \xrightarrow{1.763\ V} H_2O$$

因此 H_2O_2 既有氧化性又有还原性。

硫元素的电势图如下：

$$SO_4^{2-} \xrightarrow{0.157\ 6\ V} H_2SO_3 \xrightarrow{0.449\ 7\ V} S \xrightarrow{0.144\ V} H_2S$$

（图中标注：上方 0.300 2 V，下方 0.347 8 V）

硫的化合物中，H_2S，S^{2-} 具有强还原性，而浓 H_2SO_4、$H_2S_2O_8$ 及其盐具有强氧化性。氧化数为 +6～-2 之间的硫的化合物既有氧化性又有还原性，但以还原性为主。金属硫化物的溶解性取决于其溶度积常数和其本性，控制适当的酸度，利用 H_2S 能将溶液中的不同金属离子按组分离。

三、实验用品

1. 试剂

HNO_3(2.0 mol/L，浓)，H_2SO_4(0.2 mol/L，1.0 mol/L，6.0 mol/L)，HAc(2.0 mol/L)，NaOH(2.0 mol/L，6.0 mol/L)，NH_4Cl(0.1 mol/L)，$BaCl_2$(0.5 mol/L)，

$NaNO_2$(0.1 mol/L，1.0 mol/L)，KI(0.02 mol/L)，$KMnO_4$(0.01 mol/L)，KNO_3(0.1 mol/L)，Na_3PO_4(0.1 mol/L)，Na_2HPO_4(0.1 mol/L)，NaH_2PO_4(0.1 mol/L)，$CaCl_2$(0.1 mol/L)，$CuSO_4$(0.1 mol/L)，$Na_4P_2O_7$(0.5 mol/L)，Na_2CO_3(0.1 mol/L)，$Na_5P_3O_{10}$(0.1 mol/L)，$AgNO_3$(0.1 mol/L)，$BaCl_2$(0.5 mol/L)，$(NH_4)_2MoO_4$(0.1 mol/L)，碘水，氨水，H_2O_2，$Pb(NO_3)_2$(0.2 mol/L)，$CuSO_4$(2 mol/L)，HCl(2 mol/L)，浓 HCl，浓 HNO_3，Na_2SO_3(0.5 mol/L)，$AgNO_3$(0.1 mol/L)，$MnSO_4$(0.2 mol/L)，硫粉，锌粉，铜屑，KNO_3，$FeSO_4 \cdot 7H_2O$，$CO(NH_2)_2$，$Na_3PO_4 \cdot 12H_2O$，$K_2S_2O_8$，淀粉试液，钼酸铵试剂

2. 仪器

水浴锅，表面皿 2 个，冰块，红色石蕊试纸，pH 试纸，胶头滴管，玻璃棒，火柴，酒精灯，离心机

四、实验步骤

1. 硝酸和硝酸盐的性质

(1)在干燥试管中加入少量 KNO_3(s)，加热熔融，将带余烬的火柴杆投入试管中，火柴复燃。

(2)取少量硫粉放入试管，加 1 mL 的 HNO_3(浓)溶液，煮沸片刻，冷却后取少量溶液，用 0.5 mol/L 的 $BaCl_2$ 溶液检测有无 SO_4^{2-}。

(3)在两个试管中分别加入少量锌粉和铜屑，各加入 1 mL 2.0 mol/L 的 HNO_3，微微加热，取清液，检验是否有 NH_4^+ 存在。

(4)在两个试管中分别加入少量锌粉和铜屑，各加入 5 滴 HNO_3(浓)，观察实验现象，写出相关反应式。

2. NH_4^+、NO_3^- 和 NO_2^- 的鉴定

1) NH_4^+ 检测

取几滴 0.1 mol/L 的 NH_4Cl 溶液置于一表面皿中心，在另一块小表面皿中心黏附一小块湿润的 pH 试纸，然后在铵盐溶液中滴加 6 mol/L 的 $NaOH$ 溶液至呈碱性，迅速将粘有 pH 试纸的表面皿盖在盛有试液的表面皿上作成"气室"。将此气室放在水浴上微热，观察 pH 试纸的变化。

2)硝酸根离子鉴定(棕色环实验)

取 2 滴 KNO_3(0.1 mol/L)溶液于小试管中，用水稀释至 1 mL，加入少量 $FeSO_4 \cdot 7H_2O$，振荡溶解，沿试管壁缓慢滴加 1 mL 浓硫酸静置片刻，观察两种溶液界面的棕色环。

3)亚硝酸根离子鉴定

(1)在两支试管中,都加入 1 滴 0.1 mol/L 的 $NaNO_2$ 溶液于用水稀释至 1 mL,加入少量 $FeSO_4 \cdot 7H_2O$,振荡溶解,在一支试管中沿试管壁滴加 1 mL 2.0 mol/L 的 HAc,静置片刻,观察实验现象。在另一支试管中沿试管壁滴加 1 mL 浓硫酸静置片刻,观察实验现象。

(2)取 KNO_3(0.1 mol/L)和 $NaNO_2$(0.1 mol/L)溶液各 1 滴于小试管中,用 10 滴水稀释,加入少量尿素以消除 NO_2^- 对检验 NO_3^- 的干扰,然后酸化,再按步骤 2)进行棕色环实验。

3.亚硝酸和亚硝酸盐的性质(亚硝酸及其盐有毒,注意勿进入口内!)

1)亚硝酸的生成和分解

把盛有约 1 mL 饱和 $NaNO_2$(1.0 mol/L)溶液的试管置于冰水中冷却,然后加入约 1 mL 的 H_2SO_4(6 mol/L)溶液,混合均匀,观察有气相和液相颜色。

2)亚硝酸的氧化性

取 0.5 mL 的 $NaNO_2$(0.1 mol/L)溶液,加一滴 0.02 mol/L 的 KI 溶液于小试管中,加 0.1 mol/L H_2SO_4 使它酸化,再加淀粉试液,有何变化,写出反应方程式。

3)亚硝酸的还原性

取 0.5 mL 0.1 mol/L 的 $NaNO_2$ 溶液和 1 滴 0.01 mol/L 的 $KMnO_4$ 溶液于小试管中,用 0.1 mol/L 的 H_2SO_4 酸化,比较加入前后溶液颜色的变化。

4.磷酸盐的性质

(1)用 pH 试纸分别测试 0.1 mol/L 的 Na_3PO_4、Na_2HPO_4 和 NaH_2PO_4 溶液的酸碱性。

(2)分别取 0.1 mol/L 的 Na_3PO_4、Na_2HPO_4 和 NaH_2PO_4 溶液于三支试管中,各加入等量的 0.1 mol/L 的 $CaCl_2$ 溶液,观察有无沉淀产生。然后分别再加入氨水,观察有无变化。再分别加入 2 mol/L 盐酸后,观察各有什么变化。

(3)在试管中,滴加 1 滴 0.1 mol/L 的 $CaCl_2$ 溶液,再滴加 Na_2CO_3(0.1 mol/L)至产生沉淀,然后滴加 $Na_5P_3O_{10}$(0.1 mol/L)溶液至沉淀溶解。

5.磷酸根离子的鉴定

1)磷酸银沉淀法

两支试管中分别加入 0.1 mol/L 的 Na_3PO_4、$Na_4P_2O_7$ 各 0.5 mL,加入 1 滴 HNO_3(2.0 mol/L),再加入 0.5 mL 0.1 mol/L 的 $AgNO_3$ 溶液,观察实验现象,写出相关反应式。

2)磷钼酸铵法

在 5 滴 0.1 mol/L 的 Na_3PO_4 试液中,滴入 1 滴浓 HNO_3 和 8~10 滴 0.1 mol/L

的$(NH_4)_2MoO_4$溶液,水浴加热到 $40\sim45$ ℃,即有黄色沉淀产生。写出相关反应式。

6. H_2O_2 的氧化还原性

自行设计实验,证明 H_2O_2 既可做氧化剂也可做还原剂。

7. 硫化物的生成与溶解性

在三支试管分别加入 0.5 mL 0.2 mol/L 的 $MnSO_4$、0.5 mL 0.2 mol/L 的 $Pb(NO_3)_2$、0.5 mL 0.2 mol/L 的 $CuSO_4$,各加入 10 滴 0.2 mol/L 的 Na_2S,观察现象。离心分离,洗涤沉淀,在各沉淀上分别滴加 2 mol/L 的 HCl、浓 HCl 和浓 HNO_3,观察各硫化物溶解情况。

8. 亚硫酸盐的性质

在试管中加入 2 mL 0.5mol/L 的 Na_2SO_3、1 mL 碘水,再加入 5 滴 0.2 mol/L 的 H_2SO_4 酸化,观察现象并检验产物。

9. 硫代硫酸盐的性质

(1)往 0.1 mol/L 的 $Na_2S_2O_3$ 溶液中滴加碘水,观察溶液的颜色有什么变化。写出反应方程式。

(2)往 0.1 mol/L 的 $Na_2S_2O_3$ 溶液中滴加 2 mol/L 盐酸,加热,观察有什么变化。写出反应方程式。($S_2O_3^{2-}$ 遇酸会发生分解,常用于检出 $S_2O_3^{2-}$ 离子的存在)

(3)在试管中加 10 滴 0.1 mol/L 的 $AgNO_3$ 溶液,再加几滴 0.1 mol/L 的 $Na_2S_2O_3$ 溶液,观察沉淀颜色的变化。这是 $Na_2S_2O_3$ 的特征反应。

10. 过二硫酸盐的氧化性

在试管中加入 5 mL 1mol/L 的 H_2SO_4 溶液和 5 mL 蒸馏水和 4 滴 0.002 mol/L 的 $MnSO_4$ 溶液混合均匀后,再加入 1 滴浓 HNO_3 后分成两份。往一份溶液中加 1 滴 0.1 mol/L 的 $AgNO_3$ 溶液和少量 $K_2S_2O_8$ 固体,微热,观察溶液的颜色变化;另一份溶液中加少量 $K_2S_2O_8$ 固体,微热,观察溶液的颜色变化。

实验十二　卤　素

一、实验目的

1. 比较卤素的氧化性和卤离子的还原性,掌握分离并检测溶液中的 Cl^-、Br^-、I^- 的方法;

2. 掌握次氯酸及其盐的强氧化性特点,掌握氯酸盐强氧化性及其条件;

3. 了解氯、溴、氯酸钾及氯化氢安全操作常识。

二、实验原理

卤素为ⅦA族元素,其价电子构型为 ns^2np^5,是典型的非金属元素。除负一价的卤离子 X^- 外,卤素的任何价态均有较强的氧化性,都是强氧化剂,能发生置换、歧化等反应卤素单质的氧化性顺序为 $F_2 > Cl_2 > Br_2 > I_2$,卤离子的还原能力为 $I^- > Br^- > Cl^- > F^-$。除氟外,其他卤素能形成四种氧化态的含氧酸(次、亚、正、高)。$MClO$ 是一类较强的氧化剂,可氧化某些低价元素和有机色素(包括同族 X^- 的氧化);$MClO_3$ 是一种相对稳定的氧化剂,中性和碱性溶液中基本无氧化性,酸性溶液表现出氧化性,可氧化 I^-、Br^-、Cl^- 等。氯气与热强碱反应制备 $MClO_3$,与冷强碱反应制备 $MClO$。

三、实验用品

1. 试剂

碘,KBr,KCl,$KClO_3$,锌粉(固体),溴水,CCl_4,次氯酸钠,氯水,浓 H_2SO_4,浓氨水,浓 HCl,Cl^-、Br^-、I^- 试液,HNO_3(6 mol/mL),H_2SO_4(3mol/mL),NaCl(0.5 mol/mL),KI(0.1 mol/mL),KBr,$FeCl_3$,$AgNO_3$,$NaHSO_3$(0.05 mol/mL),KIO_3,$KMnO_4$,淀粉,淀粉碘化钾试纸,醋酸铅试纸,浆糊,黄磷。

2. 仪器

铁架台,铁夹,蒸发皿,滴管,试管,玻璃棒,离心机,小量筒,酒精灯,橡胶塞,药匙,剪刀,白纸。

四、实验步骤

1. 卤素单质的氧化性

自行设计实验,比较氯与溴、氯与碘、溴与碘的氧化性。综合实验结果,指出卤素单质的氧化性变化规律。

2. 卤离子的还原性

(1)在试管中,加入少量 KCl 固体,再加入 1 mL 浓 H_2SO_4(若现象不明显,可微微加热),记录反应现象。用玻璃棒蘸一些浓氨水,移近试管口以检验气体产物。写出反应方程式,并加以解释。

(2)在试管中,加入少量 KBr 固体,再加入 1 mL 浓 H_2SO_4,记录反应现象。把湿的淀粉碘化钾试纸移近管口,以检验气体产物。写出反应方程式。

(3)在试管中,加入少量 KI 固体,再加入 1 mL 浓 H_2SO_4,记录反应现象。把湿的醋酸铅试纸移近管口,以检验气体产物。写出反应方程式,此反应与实验(1)有何不同,为什么?

(4)在两支试管中,分别加入 0.5 mL 0.1 mol/mL 的 KI 溶液和 0.5 mL 0.1 mol/mL 的 KBr 溶液,然后各加入两滴 0.1 mol/mL 的 $FeCl_3$ 溶液和 0.5 mL 的 CCl_4。充分振荡,观察两试管中 CCl_4 层的颜色有无变化,并加以解释。

通过上述综实验,比较 Cl^-、Br^-、I^- 的还原性。

3. 次氯酸盐和氯酸盐的性质

1)次氯酸钠的氧化性

在试管中,加入 2 mL 氯水,再逐滴加入 2 mol/mL 的 NaOH 至溶液呈碱性(pH 试纸检测)。将上述溶液分为三份,分别加入:

(1)浓盐酸,证明气体产物;

(2)碘化钾溶液,注意产物颜色;

(3)与硫酸锰(II)溶液的作用,注意产物。

根据以上实验,对于次氯酸钠可得出什么结论?试用标准电极电势解释。

2)氯酸钾的氧化性

(1)在试管中,加入少量 $KClO_3$ 固体,再加入 1 mL 浓 H_2SO_4(若现象不明显,可微微加热),记录反应现象。

(2)在试管中,加入少量 $KClO_3$ 固体,再加入 1 mL 水,振荡溶解后,加入 1 mL 0.1 mol/mL 的 KI 溶液和 0.5 mL 的 CCl_4,振荡,观察反应现象;再加入 2 mL 3 mol/mL 的 H_2SO_4 振荡,观察反应现象。

根据以上实验比较次氯酸钾、氯酸钾的氧化性。

4. 单质碘的歧化反应和碘酸钾的氧化性

(1)在 pH＞12 的碘化钾碱性溶液中,逐滴加入几滴次氯酸钠溶液,再加 0.5 mL 的 CCl_4,振荡,观察 CCl_4 层中的颜色。若 CCl_4 层中无碘的颜色,酸化该溶液,再观察 CCl_4 层中的颜色。

(2)在装有 0.5 mL 0.05 mol/mL 的 $NaHSO_3$ 溶液的试管中,加 1 滴稀硫酸和 1 滴可溶性淀粉溶液,滴加 0.05 mol/mL 的 KIO_3 溶液,振荡,直至有深蓝色出现为止。

5. Cl^-、Br^-、I^- 的分离和检出

(1)在离心管加 2 mL 的 Cl^-、Br^-、I^- 混合试液,加 2～3 滴 6 mol/mL 硝酸酸化,再加 0.1 mol/mL 的 $AgNO_3$ 溶液至沉淀完全,在水浴中加热 2 min,使卤化银聚沉,离心分离,弃去溶液,再用蒸馏水将沉淀洗涤两次。

(2)往卤化银沉淀上加 2 mL 2 mol/mL 氨水,搅拌 1 min;离心分离(沉淀下面实验用)将清液移到另一支试管中,用 6 mol/mL 硝酸酸化,如果有 AgCl 白色沉淀产生,表示有 Cl^- 存在。

(3)往实验(2)的沉淀中加 1 mL 蒸馏水和少许锌粉,搅拌,当沉淀变为黑色,离心分离,弃去沉淀(Ag),往清液(含 Br^-、I^-)中加 0.5 mL 的 CCl_4,然后滴加氯水,每加 1 滴,摇匀,观察 CCl_4 层的颜色变化,如果 CCl_4 层变为紫色,表示有 I^-,继续滴加氯水,I_2 即被氧化为 HIO_3(无色)。这时,如果 CCl_4 层为黄色或橙黄色,即表示有 Br^- 存在于混合试液中。

6. 趣味实验

1)白花变蓝花

在蒸发皿中放入 2 g 锌粉和 2 g 碎碘片,拌和均匀,在蒸发皿的正上方吊一朵白纸花,白纸花上涂以面粉浆糊(或淀粉)。胶头滴管吸取冷水,加 1、2 滴于混合粉上,观察实验现象,再滴 1、2 滴水,观察实验现象。看是否有"滴水生紫烟、紫烟造兰花"的现象。试解释之。

2)指纹检查

在一张长约 4 cm、宽不超过试管直径的干净、光滑的白纸上用手指用力摁几个手印。将纸条悬于装有芝麻粒大的碘的试管中(注意摁有手印的一面不要贴在管壁上),塞上橡胶塞。酒精灯对试管稍微加热,待产生碘蒸气后立即停止加热,观察纸条上的指纹印迹。

3)水火相容

在 500 mL 烧杯中,加入 300 mL 水,把十几颗氯酸钾晶体放到水底,在氯酸钾晶体中放入几小粒黄磷。然后用玻璃移液管吸取少许浓硫酸,移注到氯酸钾和黄磷的混合物中,这时可观察到水中有火光发生。

实验十三　铁、钴、镍

一、实验目的

1. 掌握铁、钴、镍氢氧化物和铁、钴、镍配合物的生成及性质；
2. 掌握铁盐的氧化、还原性；
3. 了解 Fe^{2+}、Fe^{3+}、Co^{2+} 和 Ni^{2+} 等离子的鉴定方法。

二、实验原理

铁、钴、镍为铁系元素位于第四周期 VIII 族，其价电子排布为 $3d^{6\sim8}4s^2$，易形成配合物。其常见氧化数为 $+2$、$+3$ 价。其元素电势图，酸性条件下为

$$FeO_4^{2-} \xrightarrow{+2.20} Fe^{3+} \xrightarrow{+0.771} Fe^{2+} \xrightarrow{-0.44} Fe$$

$$Co^{3+} \xrightarrow{+1.808} Co^{2+} \xrightarrow{-0.277} Co$$

$$NiO_2 \xrightarrow{+1.678} Ni^{2+} \xrightarrow{-0.25} Ni$$

碱性条件下为

$$FeO_4^{2-} \xrightarrow{+0.72} Fe(OH)_3 \xrightarrow{-0.56} Fe(OH)_2 \xrightarrow{-0.877} Fe$$

$$Co(OH)_3 \xrightarrow{+0.17} Co(OH)_2 \xrightarrow{-0.73} Co$$

$$NiO_2 \xrightarrow{+0.49} Ni(OH)_2 \xrightarrow{-0.72} Ni$$

从电势图可以看出：

在酸性溶液中，稳定性次序 $Fe^{2+} > Co^{2+} > Ni^{2+}$。在酸性溶液中，铁（VI）、钴（III）、镍（IV）为强的氧化剂。空气中的氧气能将酸性溶液中的 Fe^{2+} 氧化为 Fe^{3+}，但不能将 Co^{2+} 和 Ni^{2+} 氧化为 Co^{3+} 和 Ni^{3+}。在碱性介质中，铁的最稳定氧化态是 $+3$，而钴和镍的最稳定氧化态仍是 $+2$。

在碱性介质中，低氧化态的铁、钴、镍转化为高氧化态比在酸性介质中容易。低氧化态氢氧化物的还原性按 $Fe(OH)_2$、$Co(OH)_2$、$Ni(OH)_2$ 的顺序依次减弱。

铁系元素离子易形成有色配合物，其配合物的生成反应常用于该离子的鉴别。

①Fe^{2+}、Fe^{3+} 的鉴定（酸性条件）

$$xFe^{2+} + x[Fe(CN)_6]^{3-} + xK^+ \longrightarrow [KFe(CN)_6Fe]_x(s)（腾氏蓝）$$

$$xFe^{3+} + x[Fe(CN)_6]^{4-} + xK^+ \longrightarrow [KFe(CN)_6Fe]_x(s)（普鲁士蓝）$$

② Co^{2+} 的鉴定

$$Co^{2+} + 4SCN^- \rightleftharpoons [Co(SCN)_4]^{2-}, 戊醇中显蓝色$$

③ Ni^{2+} 的鉴定

$$Ni^{2+} + 2DMG + 2NH_3 \longrightarrow Ni(DMG)_2(s) + 2NH_4^+$$

丁二酮肟　　　　　　　　鲜红色

三、实验物品

1.试剂

硫酸亚铁铵, NH_4Cl, NH_4F, $NH_3 \cdot H_2O$, 丙酮, 溴水, H_2SO_4(2 mol/L, 6 mol/L),
$NaOH$(2 mol/L, 6 mol/L), NH_4Ac(3 mol/L), $CoCl_2$(0.5 mol/L), $NiSO_4$(0.2 mol/L),
$FeCl_3$, $FeSO_4$(0.1 mol/L), $K_3[Fe(CN)_6]$, $K_4[Fe(CN)_6]$, $KMnO_4$(0.01 mol/L), 饱和
NH_4SCN, 硫代乙酰胺, 亚硝基 R 盐, 丁二酮肟酒精液, 邻菲罗啉, 浓盐酸, 稀盐酸,
氢氧化钠固体, 硝酸钠, 亚硝酸钠, 铁钉。

2.仪器

酒精灯, 电炉, 试管, 试管夹, 试管架, 滴管, 离心分离, 水浴, 三脚架, 石棉网,
烧杯。

四、实验步骤

1.铁(Ⅱ)、钴(Ⅱ)、镍(Ⅱ)的还原性

1)铁(Ⅱ)的还原性

(1)铁(Ⅱ)盐的还原性。往盛着 0.5 mL 0.2 mol/L 的 $FeSO_4$ 溶液和 0.5 mL
6 mol/L 的 H_2SO_4 溶液的试管中, 加入几滴 0.01 mol/L 的 $KMnO_4$ 溶液, 摇匀, 观
察溶液的颜色有何变化。

(2)$Fe(OH)_2$ 的生成和还原性。在装有 1 mL 除氧蒸馏水的试管中加入几滴
稀硫酸, 然后加入少量硫酸亚铁铵晶体。在另一试管中加入 1 mL 6 mol/L 的
$NaOH$ 溶液, 煮沸, 除氧, 冷却后用一长滴管吸取 0.5 mL 该溶液, 把滴管插入至试
管底部, 缓慢释放滴管内溶液, 观察产物颜色和状态。然后加入 2 mol/L 盐酸, 观
察沉淀是否溶解。

用同样的方法, 制一份 $Fe(OH)_2$, 摇荡后放置一段时间, 观察有何变化, 写出
相应的反应方程式。

2）$Co(OH)_2$的生成和还原性

在两支试管中依次加入 0.5 mL 0.5 mol/L 的 $CoCl_2$ 溶液后，滴加 2 mol/L 的 NaOH 溶液，制得两份沉淀，注意观察反应产物的颜色和状态。微热，产物的颜色有何变化？然后往一份沉淀中加入 2 mol/L 盐酸，观察沉淀是否溶解。

另一份沉淀放置一段时间后，观察有何变化。解释现象并写出相应的反应方程式。

3）$Ni(OH)_2$的生成和还原性

往两支分别装有 0.5 mL 0.2 mol/L 的 $NiSO_4$ 溶液的试管中，滴加 2 mol/L 的 NaOH 溶液，观察反应产物的颜色和状态。然后往一试管中，加入 2 mol/L 盐酸，观察沉淀是否溶解。把另一试管放置一段时间后，观察沉淀有何变化。写出相应的反应方程式。

综合上述实验，说明 $Fe(OH)_2$、$Co(OH)_2$ 与 $Ni(OH)_2$(II)的稳定性。

2. 铁（Ⅲ）、钴（Ⅲ）、镍（Ⅲ）的氧化性

1）铁（Ⅲ）的氧化性

（1）往盛着 0.5 mL 0.2 mol/L 的 $FeCl_3$ 溶液的离心管中，滴加硫代乙酰胺水溶液，在水浴上加热，观察反应产物的颜色和状态。离心分离，往清液中加入几滴 0.1 mol/L 的 $K_3[Fe(CN)_6]_3$ 溶液，以检验反应产物的生成和氧化性。解释现象，写出相应的反应方程式。

（2）往两支分别装有 1 mL 0.2 mol/L 的 $FeCl_3$ 溶液的试管中，滴加 2 mol/L NaOH 的溶液，观察反应产物的颜色和状态。然后往一试管中加入 0.5 mL 浓盐酸，沉淀是否溶解？检验有无氯气产生。往另一试管中加少量水，并加热至沸腾，观察有无变化，解释上述现象，并写出相应的反应方程式。

2）$Co(OH)_3$的生成和氧化性

往 0.5 mL 0.5 mol/L 的 $CoCl_2$ 溶液的试管中，加入数滴溴水，再滴加 2 mol/L NaOH 的溶液，观察反应产物的颜色和状态。离心分离，沉淀用蒸馏水洗两次，然后往沉淀中加 0.5 mL 浓盐酸，微热之，观察有何现象。检验气体产物是什么。最后用水稀释上述溶液，其颜色有何变化。解释现象，并写出相应的反应方程式。

3）$Ni(OH)_3$(III)的生成和氧化性

往 0.5 mL 0.2 mol/L 的 $NiSO_4$ 溶液的试管中，加入数滴溴水，再滴加 2 mol/L 的 NaOH 溶液，观察反应产物的颜色和状态。离心分离，沉淀用蒸馏水洗两次，然后往沉淀中加 0.5 mL 浓盐酸观察有何变化。检验气体产物是什么。写出相应的反应方程式。

综合上述实验，说明铁、钴、镍三价氢氧化物的颜色与二价氢氧化物有何不同；氢氧化铁（Ⅲ）、氢氧化钴（Ⅲ）与氢氧化镍（Ⅲ）的生成条件有何不同；在酸性溶液

中,三价铁、三价钴与三价镍的氧化性有何不同。

3.配合物的生成和性质

1)钴配合物的生成和性质

往 0.5 mL0.5 mol/L 的 $CoCl_2$ 溶液中,加入一小匙 NH_4Cl 固体,然后逐滴加入浓 $NH_3 \cdot H_2O$,振荡试管,观察沉淀颜色。再继续加入过量的浓 $NH_3 \cdot H_2O$,至沉淀溶解为止,观察反应产物的颜色。最后把溶液放置一段时间,观察溶液的颜色有何变化。

2)镍配合物的生成和性质

往 2 mL0.2 mol/L 的 $NiSO_4$ 溶液中,逐滴加入浓 $NH_3 \cdot H_2O$,并振荡试管,观察沉淀颜色。再加入过量的浓 $NH_3 \cdot H_2O$,观察产物的颜色。然后把溶液分成四份,往两份溶液中,分别加入 2 mol/L 的 NaOH 溶液和 2 mol/L 的 H_2SO_4 溶液,观察有何变化。把另一份溶液用水稀释,是否有沉淀产生?把最后一份溶液煮沸,观察有何变化。

3)Fe^{2+}、Fe^{3+}、Co^{2+} 和 Ni^{2+} 的鉴定反应

(1)Fe^{2+}、Fe^{3+} 的鉴定反应

①藤氏蓝的生成　往 0.5 mL 0.2 mol/L 的 $FeSO_4$ 溶液中,加入 1 滴 0.1 mol/L 的 $K_3[Fe(CN)_6]$ 溶液,观察产物的颜色和状态。写出相应的反应方程式。

②普鲁士蓝的生成　往 0.5 mL 0.2 mol/L 的 $FeCl_3$ 溶液中,加入 1 滴 0.1 mol/L 的 $K_4[Fe(CN)_6]$ 溶液,观察产物的颜色和状态。写出相应的反应方程式。

③往 0.5 mL 0.2 mol/L 的 $FeSO_4$ 溶液中,加入几滴邻菲罗啉溶液,即生成桔红色的配合物。

(2)Co^{2+} 鉴定反应

①在试管中加几滴 0.5 mol/L 的 $CoCl_2$ 溶液,与等体积的丙酮混匀,然后滴加饱和 NH_4SCN 溶液,即生成蓝色的 $Co(SCN)_4^{2-}$ 配离子。若有 Fe^{3+} 存在,蓝色会被 $Fe(SCN)^{2+}$ 的血红色掩蔽,这时可加入 NH_4F 固体,使 Fe^{3+} 生成无色的 FeF_6^{3-},以消除 Fe^{3+} 的干扰。

②在试管中,加 2 滴 0.5 mol/L 的 $CoCl_2$ 溶液和 1 滴 3 mol/L 的 NH_4Ac 溶液,再加 1 滴亚硝基 R 盐,如呈红褐色,表示有 Co^{2+} 离子。为了与试剂本身的颜色区别,可以用 2 滴蒸馏水代替 $CoCl_2$ 试液,作空白试验,进行对比。

(3)Ni^{2+} 的鉴定反应。在试管中,加几滴 0.2 mol/L 的 $NiSO_4$ 溶液和 2 滴 3 mol/L 的 NH_4Ac 溶液,混匀后,再加入 2 滴丁二酮肟(又名二乙酰二肟)的酒精溶液,生成桃红色沉淀。

4)趣味实验

(1)彩色温度计的制作。在试管中加入半试管95％乙醇和少量红色氯化钴晶体($CoCl_2 \cdot 6H_2O$)，振荡使其溶解，加热观察颜色变化。

(2)制作不易生锈的铁钉(带有氧化膜)。取适量稀氢氧化钠于试管中，将铁钉投入，除去油膜，洗净后将铁钉投入稀盐酸中，以除去镀锌层、氧化膜和铁锈，洗净，待用。

在烧杯中依次加入2 g固体氢氧化钠、0.3 g硝酸钠和一药匙亚硝酸钠，加入10mL蒸馏水溶解，把处理好的铁钉投入烧杯中，加热至表面生成亮蓝色或黑色的物质为止。

(3)魔壶。取7只试管(高脚杯)中分别加入:5％的硫氰化钾溶液、3％的硝酸银溶液、苯酚溶液、饱和醋酸钠溶液、饱和硫化钠溶液、1 mol/L的亚铁氰化钾溶液、40％的氢氧化钠溶液各1 mL(看上去像似空杯)备用。依次向各杯中倒入约60 mL氯化铁溶液，各杯依次呈现红色、乳白色、紫色、褐色、金黄色、青蓝色、红棕色。

实验十四　青铜合金的制备

一、实验目的

1. 掌握铜-锡-铅三元青铜合金的制备方法；
2. 了解通过扫描电镜—能谱(SEM-EDX)检测合金的组成和微观结构。

二、实验原理

铜属于半贵金属。中国早在新石器时代就开始使用纯铜(Cu)，即"红铜"或"紫铜"。纯铜在空气中生成 $CuCO_3 \cdot Cu(OH)_2$，此化合物无害，能防止铜器继续腐蚀。但由于纯铜柔软、硬度小，所以常在其中加入其它金属制成合金。

铜锌合金即黄铜($Cu+Zn$)中 Zn 含量低于 39% 的黄铜为单相固溶体，称为 α 黄铜。含 Zn 量 39%～47% 的为 α+β 复相黄铜。含 Zn 量 47%～50% 的为 β 黄铜。黄铜具有良好的塑性，锈蚀比纯铜快，其特有的腐蚀形式是"脱锌"。白铜是铜与镍的合金($Cu+Ni$)。通常镍的含量为 30%～55%。

青铜，是指铜和锡的合金($Cu+Sn$)。青铜中加入锡的含量不等，其耐蚀性随锡含量的增加而提高。青铜中加入锡的目的是提高其耐磨性，锡青铜不易产生应力腐蚀，也不容易产生"脱锡"腐蚀。

中国的青铜器中有不少还含有铅(Pb)，即为铜、锡、铅合金。青铜中加入铅的目的是进一步降低熔点，增加青铜融体的流动性，而且在原来硬度的基础上增加青铜的韧性。但铅的含量一般不宜过高(不超过 10%)，否则会破坏青铜硬度。古青铜的化学成分大体为：铜含量约 75%，锡含量约 15%，铅含量约 8%。另外含有地方特征的其它元素如铁、锌、钙、镁、锰等，总含量小于 3%。

结构不同还取决于青铜合金的凝固速度与凝固温度。如果在凝固过程中，锡铅能很好地始终融于铜基体中，其结构就仅有一种，即 α 共熔体，它是一种锡铅均匀分布在铜中的青铜结构。由于铜与锡铅的熔点相差太远(铜:1083 ℃，锡:231.9 ℃，铅:327.4 ℃)，铜在凝固过程中固化很快，锡铅来不及溶解进入铜基体而被夹带进去，形成不同的共析组织，使青铜结构和成分含量不同。

形成的结构受凝固温度影响很大。在 950～798 ℃之间，形成单一 α 共熔体。798～586 ℃之间，形成 α+β 共熔体，其中含 Cu 60%～70%，含 Sn 20%～30%。586～520 ℃之间，形成 α 共熔体和 α+β 共熔体。520～350 ℃之间，形成 α 共熔体

及 $\alpha+\sigma$ 共熔体。因此青铜在凝固过程中,不同的温度区间有不同的金相结构。在凝固过程中,每个温度下的停留时间的长短决定了这个区间共析组织产生的多少。即便是相同成分的青铜器也会因不同的凝固速度产生不同的金相结构。

三、仪器,试剂和材料

1.试剂

铜、锡、铅。

2.仪器

等离子电弧炉,陶质坩埚,熔炉,扫描电镜-能谱(SEM – EDX)。

四、实验步骤

1.等离子电弧制备青铜合金

通过等离子弧技术制备不同比例的三元青铜合金。等离子电弧炉是通过燃烧等离子体来提供热能的,通常用纯氩气来制备等离子气体。

将铜、锡、铅三种金属按照一定比例混合后,在等离子电弧炉中于真空条件下熔化、混合即制得青铜合金。三种金属的具体配比见表 4 – 1 – 12。

表 4 – 1 – 12　三种金属的具体配比及实验记录

编号	组分配比	取样量/g (参考值)	总质量/g	制备的合金的质/g
1	Cu—94 Sn—05 Pb—01	Cu = 4.7030 Sn = 0.2656 Pb = 0.0510		
2	Cu—80 Sn—15 Pb—05	Cu = 9.6356 Sn = 1.805 Pb = 0.6001		
3	Cu—75 Sn—15 Pb—10	Cu = 6.0200 Sn = 1.2092 Pb = 0.8020		

(1)将预先称重并配比好的金属混合物放入已编号的比色皿中。

(2)关闭并拧紧真空室的门。用真空泵将真空室内的空气排空,然后缓缓注入氩气直至气压达到 0.5 Pa。用真空泵将真空室内的氩气排空。

（3）注入氩气并随之排空的过程重复三次，以保证真空室内的空气完全清除。

（4）通过分子泵使真空室内的真空度达到 $10^{-4}\sim10^{-5}$ Pa，并保持一个小时。

（5）一个小时后，关闭分子泵，缓缓注入氩气直至真空室内气压达到 0.5 Pa。

（6）打开等离子体发生器，将电流调到特定值，则氩原子即可与电流交互作用形成等离子体。通过真空室上配备的可移动的样品支架将样品依次熔解。

（7）当金属完全熔合，并在真空室内冷却后即可形成青铜合金。

（8）将合金从炉内拿出并称重以计算质量损失。

（9）通过 SEM - EDX 检测合金的具体组分。

用这种方法制备青铜合金最主要的问题在于熔化过程中金属未能熔合完全，这是因为三种金属各自不同的熔点导致了其原子间融合的一致性受到影响。

如果采用金属粉末，而非金属颗粒或金属片，那么这个问题就能得以解决。因为粉末状金属可通过手动或球磨机混合完全。但是金属粉末不能直接应用于等离子弧技术，因为当比色皿中的粉末碰上等离子弧或火焰时，粉末有可能被氩气带走，或者分散开来。

2. 氩净化炉制备青铜

以铜（纯度 99.5%）、锡（纯度 99.9%）和铅（纯度 99.0%）粉末制备青铜合金。程序如下：

（1）按表 4-1-13 所示配比称取铜、锡和铅。

表 4-1-13　三种金属的具体配比及实验记录

编号	组分配比	取样量/g（参考值）	总质量/g	制备的合金的质量/g
4	Cu—80 Sn—15 Pb—5	Cu = 8.000 Sn = 1.500 Pb = 0.500		
5	Cu—90 Sn—05 Pb—05	Cu = 9.001 Sn = 0.503 Pb = 0.533		
6	Cu—85 Sn—15 Pb—01	Cu = 8.420 Sn = 1.506 Pb = 0.104		

(2)将所称取粉末混合,并在玛瑙研钵中研磨5～10 min以使其混合均匀。

(3)将充分混合的金属粉末转移至陶质坩埚,并放置在熔炉加热铝管的中心位置。

(4)熔炉具体规格及参数为:开始实验前,以每秒3～5泡的速度用氩气将熔炉内的空气排空,需要耗时40～60 min。空气排空后,将温度设定在1100 ℃以熔化金属。温度在1100 ℃保持30 min。保温30 min后,熔炉将自动关闭,并在3～4 h将至室温。将冷却后的样品从熔炉内移出并称重。

(5)通过SEM-EDX检测合金的具体组分。

附:青铜SEM-DAX分析图像及元素含量(图4-1-16、图4-1-17)。

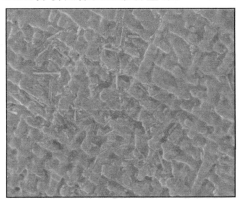

图4-1-16　青铜合金SEM图像

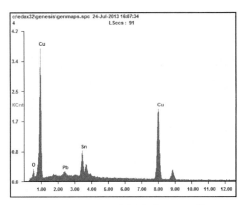

图4-1-17　青铜合金EDX谱

实验十五　铬、锰及其化合物

一、实验目的

1.了解铬和锰的各种重要价态化合物的生成和性质；

2.了解铬和锰各种价态之间的转化；

3.掌握铬和锰化合物的氧化还原性以及介质对氧化还原反应的影响。

二、实验原理

铬和锰分别为第四周期ⅥB和ⅦB族元素，其价电子构型为 $3d^5 4s^1$ 和 $3d^5 4s^2$，都有可变的氧化数。铬的常见氧化数有＋3、＋6，锰的常见氧化数有＋2、＋4、＋6、＋7。其元素电势图如下：

铬元素电势图，酸性溶液中 E_A^θ / V

$$Cr_2O_7^{2-} \underset{3}{\overset{+1.3}{\rule{3cm}{0.4pt}}} Cr^{3+} \overset{-0.41}{\rule{2cm}{0.4pt}} Cr^{2+} \overset{-0.91}{\rule{3cm}{0.4pt}} Cr$$

$$+0.29$$

$$-0.74$$

碱性溶液中 E_B^θ / V

$$CrO_4^{2-} \underset{3}{\overset{-0.13\,V}{\rule{3cm}{0.4pt}}} Cr(OH)_3 \overset{-1.1\,V}{\rule{2.5cm}{0.4pt}} Cr(OH)_2 \overset{-1.4\,V}{\rule{2.5cm}{0.4pt}} Cr$$

$$CrO_2^- \overset{-1.2\,V}{\rule{2cm}{0.4pt}}$$

锰元素的电势图，酸性溶液中 E_A^θ / V

$$1.700$$

$$MnO_4^- \overset{0.5545}{\rule{2cm}{0.4pt}} MnO_4^{2-} \overset{2.27}{\rule{2cm}{0.4pt}} MnO_2 \overset{0.95}{\rule{2cm}{0.4pt}} Mn^{3+} \overset{1.51}{\rule{2cm}{0.4pt}} Mn^{2+} \overset{-1.18}{\rule{2cm}{0.4pt}} Mn$$

$$1.51$$

碱性溶液中 E_B^θ / V

$$MnO_4^- \overset{0.5545}{\rule{2cm}{0.4pt}} MnO_4^{2-} \overset{0.6175}{\rule{2cm}{0.4pt}} MnO_2 \overset{-0.20}{\rule{2cm}{0.4pt}} Mn(OH)_3 \overset{-0.10}{\rule{2cm}{0.4pt}} Mn(OH)_2 \overset{-1.56}{\rule{2cm}{0.4pt}} Mn$$

$$0.5965$$

$$-0.0514$$

两种元素最高氧化数的含氧酸在酸性条件下均为强氧化剂,本实验主要研究铬和锰化合物的氧化还原性,各价态物种的转化及重要价态化合物的性质。

三、实验用品

1.试剂

HAc（2 mol/L、6 mol/L）,HNO$_3$（6 mol/L）,HCl（0.1 mol/L、2 mol/L、6 mol/L）,浓 H$_2$SO$_4$（0.1 mol/L、1 mol/L）;NaOH（0.1 mol/L、2 mol/L、6 mol/L、40%）,NH$_3$·H$_2$O（6 mol/L）,CrCl$_3$,K$_2$Cr$_2$O$_7$,Na$_2$SO$_3$,Pb（Ac）$_2$,Pb（NO$_3$）$_2$（0.1 mol/L）,KMnO$_4$（0.01 mol/L、0.1 mol/L）,BaCl$_2$（1 mol/L）,NaBiO$_3$（s）,MnSO$_4$（0.002 mol/L、0.1mol/L、0.5 mol/L）,pH 试纸,H$_2$O$_2$（3%）,MnO$_2$,铬钾矾,草酸,浓盐酸,Na$_2$S（0.5 mol/L）,AgNO^3（0.1 mol/L）,Pb（NO$_3$）$_2$（0.1 mol/L）。

2.仪器

离心机,电加热器,普通试管,离心试管,烧杯。

四、实验步骤

1.铬

1）Cr(III)化合物的性质

（1）氢氧化铬的制备和性质。用 CrCl$_3$ 和 NaOH 制备氢氧化铬沉淀,观察沉淀的颜色,用实验证明氢氧化铬是否两性,（分别向两份沉淀中加入 0.1 mol/L 的 NaOH 和 HCl 各 2～3 滴至沉淀溶解,观察溶液颜色）并写出反应方程式。

（2）Cr(III) 盐的水解作用。往盛着 1 mL 0.2mol/L 铬钾矾溶液的离心管中,滴加 0.5 mol/L 的 Na$_2$S 溶液,观察反应产物的颜色和状态,试证明产物为 Cr(OH)$_3$。

（3）Cr(III) 盐的还原性。往 0.5 mL 0.2 mol/L 铬钾矾溶液中,加入过量的 2 mol/L 的 NaOH 溶液,至沉淀溶解。往清液中逐滴加入 3% H$_2$O$_2$ 溶液,微热,观察溶液颜色变化。将溶液用 2 mol/L 的 HAc 酸化至溶液 pH 为 6,加入 1 滴 0.1 mol/L的 Pb（NO$_3$）$_2$ 溶液,即有亮黄色的 PbCrO$_4$ 沉淀生成,写出反应方程式,此反应常用作 Cr^{3+} 的鉴定反应。

2）Cr(VI)化合物的性质

（1）Cr(VI)的氧化性。5 滴 0.1 mol/L 的 K$_2$Cr$_2$O$_7$溶液中加入 5 滴 0.1 mol/L的 H$_2$SO$_4$酸化,再加入 15 滴 0.1 mol/L 的 Na$_2$SO$_3$溶液,观察溶液颜色的变化,验证 K$_2$Cr$_2$O$_7$在酸性溶液中的氧化性,写出反应方程式。

(2)铬酸盐和重铬酸盐的相互转化。在 2 滴 0.1 mol/L 的 $K_2Cr_2O_7$ 溶液中滴入 1 滴 2 mol/L 的 NaOH 观察溶液颜色变化,再继续滴入 5 滴 1 mol/L 的 H_2SO_4 酸化,观察溶液颜色变化。

(3)微溶性铬盐的生成和溶解。在三支试管中,各加入 0.5 mL 0.1 mol/L 的 K_2CrO_4 溶液,再分别加入 0.1 mol/L 的 $AgNO_3$ 溶液、$BaCl2$ 溶液和 $Pb(NO_3)_2$ 溶液,观察实验现象。试验这些铬酸盐沉淀能溶于什么酸中。

2. 锰

1) Mn(II)的性质

(1)Mn(II)的还原性。在 1 支试管中加入 10 滴 0.2 mol/L 的 $MnSO_4$ 溶液,逐滴加入 2 mol/L 的 NaOH 溶液,观察颜色变化,把产物放置一段时间后,观察颜色变化。

在 1 支试管中加入 10 滴 0.01 mol/L 的 $KMnO_4$ 溶液,滴加 0.2 mol/L 的 $MnSO_4$ 溶液,观察颜色变化。

(2)Mn(II)的鉴定。在 1 支试管中加入 5 滴 0.002 mol/L 的 $MnSO_4$ 溶液,再加入 10 滴 6 mol/L 的 HNO_3,然后加入少量 $NaBiO_3$ 固体,振荡,微微加热,静置。观察颜色变化。

2) Mn(IV)的性质

往少量 MnO_2 固体中,加入 2 mL 浓 HCl,观察反应产物的颜色和状态。把此溶液加热,溶液的颜色有何变化?有什么气体产生?写出相应的反应方程式。

3) Mn(VII)的性质

设计实验,让 0.01 mol/L 的 $KMnO_4$ 溶液与 0.1 mol/L 的 Na_2SO_3 溶液分别在酸性、中性、碱性条件下发生反应,观察实验现象。

3. 混合离子分离鉴定

取 Cr^{3+},Mn^{2+},Al^{3+} 的混合溶液 15 滴进行离子分离鉴定,画出分离鉴定过程示意图。

4. 趣味实验

1)褪字灵的制作

甲液(草酸溶液):用角匙取少量草酸晶体放入烧杯或锥形瓶中,加蒸馏水使之溶解。然后将此溶液倒入一只滴瓶中,注明甲液。

乙液(氯水):烧瓶中加入一角匙高锰酸钾晶体,再向烧瓶中加入浓盐酸,将烧瓶塞和导管连接好,用酒精灯加热。产生的气体导管导入装有蒸馏水的锥形瓶中,片刻后将锥瓶中新制成的氯水装入滴瓶中,注明乙液。

去字迹时,先用甲液滴在字迹上,然后再将乙液滴上一滴,字迹会立即消失。

注意晾干后再将修改的字迹写上去。

思考题

1.总结铬的各种氧化态之间相互转化的条件。
2.介质的酸碱性对 Mn 各种氧化态的转化有什么影响？

实验十六　无水四氯化锡的制备(微型实验)

一、实验目的

1.通过无水四氯化锡的制备,了解其在非水体系中的制备方法;
2.了解微型无机制备实验的特点。

二、实验原理

微型化学实验,英文为 Microscale Chemical Experiment 或 Microscale Laboratory,简写为 ML。美籍华裔化学家马祖圣教授提出:微型化学实验是以尽可能少的试剂,获取所需化学信息的实验原理和技术。微型化学实验的两个基本特征:仪器的微型化和试剂的微量化。

无水四氯化锡是无色易流动的液体,在空气中极易水解,发生如下反应:

$$SnCl_4(l)+(x+2)H_2O(g)\!=\!\!=\!\!=SnO_2 \cdot xH_2O(s)+4HCl(g)$$

因此,本实验采用金属锡和氯气在非水溶剂中直接合成法制备无水四氯化锡。

$$Sn(s)+2Cl_2(g)\!=\!\!=\!\!=SnCl_4(l)$$

由于反应体系须无水,所以容器必须干燥,与大气相通部分也必须连结干燥装置。

三、实验用品

1.试剂

Sn 粒,浓 H_2SO_4,NaOH,$KMnO_4$ 固体,浓 HCl。

2.仪器

恒压漏斗,二颈烧瓶,双泡 V 形管,支口试管,试管,冷阱,双泡 V 形管,酒精灯,橡皮管,玻璃弯管。

四、实验步骤

将仪器按装置图 4-1-18 连接好,检查其气密性,将 3 g 的 $KMnO_4$ 固体装入二颈瓶 2 中,5 mL 浓 HCl 放入恒压漏斗 1 中,支口管的一端 0.5 g 的 Sn 粒装入试管 4,氯气导管几乎接触到金属锡。

缓慢滴加浓 HCl 于 KMnO$_4$ 中,让产生的氯气充满整套装置以排除装置中的空气和少量水气。然后,用酒精灯加热锡粒,熔化。熔融的锡与氯气反应而燃烧。逐滴加入浓 HCl,以控制氯气的流速,防止气流过大。生成的 SnCl$_4$ 蒸气经冷阱冷却后储存于接收管内。未反应的 Cl$_2$ 气被 8 中的 NaOH 溶液吸收。待锡粒反应完后,停止加热,停止滴加浓 HCl,剩余的少量 Cl$_2$ 气用 NaOH 吸收。取下接收管,迅速盖好塞子,称重并计算产率。

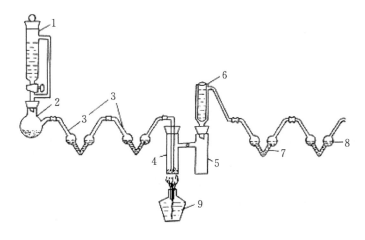

图 4-1-18 制备 SnCl$_4$ 装置示意图

1—恒压漏斗(内装浓 HCl);2—二颈烧瓶(内装 KMnO$_4$ 固体);3—双泡 V 形管(内装浓 H$_2$SO$_4$);4—支口试管(内装 Sn 粒);5—产品接收管;6—冷阱(内装冷水);7—双泡 V 形管(内装浓 H$_2$SO$_4$);8—双泡 V 形管(内装饱和 NaOH 溶液);9—酒精灯

思考题

1. 制备易水解物质的方法有何特点?
2. 若不排尽装置中的空气和水,制备 SnCl$_4$ 时会有什么影响?

第二部分 设计及综合性实验

实验一 铬配合物的制备及分光化学序测定

一、实验目的

1.了解某些铬配合物一般制备方法；

2.通过测定铬配合物吸收光谱,学会晶体场分裂能(Δ)计算方法；了解不同配体对配合物中心离子 d 轨道能级分裂的影响；

3.掌握配体的分光化学序及其应用。

二、基本原理

大多数配合物为有色化合物,通常晶体场理论能较好解释配合物呈现颜色的原因。晶体场理论指出,配合物中心离子简并的价电子轨道由于空间伸展方向不同在配体场作用下价电子轨道发生能量分裂后会发生电子跃迁。由于大多数配合物中心离子为过渡元素离子,现以过渡元素配合物为例,其中心离子价电子层的有 5 个空间伸展方向不同的简并 d 轨道,在不同配体场的作用下,d 轨道的分裂形式和分裂轨道间的能量差也不同,如图 4 - 2 - 1 所示：

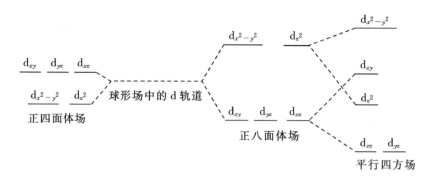

图 4 - 2 - 1 d 轨道在不同配体场中的分裂

电子在分裂的 d 轨道之间的跃迁称为 d-d 跃迁,由于 d-d 跃迁的能量在可见光区的能量范围,因此过渡金属配合物有颜色。

分裂后的 d 轨道之间的能量差称为分裂能,用 Δ 表示。Δ 值的大小受中心离子的电荷、周期数、d 电子数和配体性质等因素的影响。由实验总结得出诸因素影响的一般规律为:

对于相同的中心离子,不同的配体,Δ 值随配体的不同而不同,其大小顺序为

$I^- < Br^- < Cl^-,CNS^- < F^- < C_2O_4{}^{2-} < H_2O < SCN^- < EDTA < NH_3 < en < SO_3{}^{2-} < NO_2{}^- < CN^-$

Δ 值的次序称为光谱化学序列。当配合物中的配体被序列右边的配体所取代,则吸收峰朝短波方向移动。光谱化学序列是一个近似的规则,在某些金属配合物中,序列中相邻配体的次序可能会发生变化。

分裂能可通过测定配合物吸收光谱再经过计算得到。Δ 值计算如下:

$$\Delta = \frac{hc}{\lambda} \times 10^7 (cm^{-1})(式中 \lambda 为波长,单位为 nm)$$

不同 d 电子及不同构型的配合物的吸收光谱不同的,因此计算分裂 Δ 值的方案也各不同。在八面体和四面体的配体场中,配离子的中心离子的电子数为 d^1、d^4、d^6、d^9,其吸收光谱只有一个简单的吸收峰,根据此吸收峰位置的波长计算 Δ 值;配离子的中心离子的电子数为 d^2、d^3、d^7、d^8,其吸收光谱应该有三个吸收峰,对于八面体配体场的 d^3、d^8 电子和四面体配体场中的 d^2、d^6 电子,由吸收光谱中最大波长的吸收峰位置的波长计算 Δ 值;对八面体场中的 d^2、d^7 电子和四面体配体场中的 d^3、d^8 电子,由吸收光谱中最大波长的吸收峰和最小波长的吸收峰之间的波长差计算 Δ 值。

本实验中,铬配合物的中心离子 Cr^{3+} 为 d^3 结构,因此测出配合物吸收曲线并找出最大吸收光谱数据,计算在各种配体情况下的 Δ 值,可得到光谱化学序列。

三、实验用品

1. 试剂

$CrCl_3 \cdot 3H_2O$,甲醇,锌片,无水乙二胺,乙醚,KSCN,$KCr(SO_4)_2 \cdot 12H_2O$,乙醇,乙酰丙酮,10% H_2O_2,冰盐,苯,硝酸铬,Na_2H_2EDTA,$K_2C_2O_4 \cdot H_2O$,$H_2C_2O_4 \cdot 2H_2O$,$K_2Cr_2O_7$,$CrCl_3 \cdot 6H_2O$,$AgNO_3$。

2. 仪器

分光光度计,容量瓶,烧杯,量筒,玻璃棒,漏斗,减压过滤装置,电炉,水浴锅,棕色瓶,pH 试纸。

四、实验步骤

1.铬配合物的制备

1) $[Cr(en)_3]Cl_3 \cdot 3H_2O$ 的合成

在三颈烧瓶中依次加入 5.4 g 的 $CrCl_3 \cdot 3H_2O$、10 mL 甲醇和小块 Zn 片,水浴加热回流 10 min,再加入 8 mL 无水乙二胺,加热反应 1 h,冷却、过滤,分别用含有 10% 甲醇的无水乙二胺和乙醚洗涤沉淀,产品置棕色瓶中保存。称取 0.15 g 产品,加水溶解,转移至 100 mL 容量瓶中,用水定容备用。

2) $K_3[Cr(SCN)_6] \cdot 4H_2O$ 的合成

称取 6 g KSCN 和 5 g $KCr(SO_4)_2 \cdot 12H_2O$,将其溶于少量水中,煮沸 30 min,搅拌加入 5 mL 乙醇,待硫酸钾晶体析出,过滤,将滤液浓缩,冷却得暗红色晶体,乙醇重结晶,得紫色产物。称取 0.15 g 产品,加水溶解,转移至 100 mL 容量瓶中,用水定容备用。

3) $K_3[Cr(C_2O_4)_3] \cdot 3H_2O$ 的合成

称取 2.3 g $K_2C_2O_4 \cdot H_2O$ 和 5.5 g $H_2C_2O_4 \cdot 2H_2O$,溶解在 80 mL 水中,搅拌加入研细的 $K_2Cr_2O_7$ 1.9 g,反应完后蒸发浓缩,冷却得深绿色晶体。称取 0.15 g 产品,加水溶解,转移至 100 mL 容量瓶中,用水定容备用。

4) $[Cr(acac)_3]$ 的合成

锥形瓶中加入 4.7 g $CrCl_3 \cdot 6H_2O$ 和 20 mL 乙酰丙酮,并在 85 ℃ 的水浴中加热,同时缓慢滴加 10% 的 H_2O_2 溶液 30 mL,至溶液呈紫红色,将置锥形瓶于一12℃冰盐浴中冷却,滴加 $AgNO_3$,析出紫红色沉淀,加苯,抽滤,得 $[Cr(acac)_3]$ 的苯溶液,加热蒸发除苯,用冷乙醇洗涤得到紫红晶体,干燥后,称取 0.04 g,溶于 25 mL 苯中制得 $[Cr(acac)_3]$ 苯溶液。

5) $[Cr(EDTA)]^-$ 的合成

在 25 mL 水中加入 0.25 g 乙二胺四乙酸二钠盐,加热溶解,将 pH 调到 3~5,然后加入 0.25 g $CrCl_3 \cdot 6H_2O$,稍加热得紫色的 $[Cr(EDTA)]^-$,配合物溶液 $(c=0.008 \text{ mol/L})$.

6) $[Cr(H_2O)_6]^{3+}$ 的合成

在 50 mL 水中,加入 0.4 g 硝酸铬溶解,得紫蓝色的 $[Cr(H_2O)_6]^{3+}$ 溶液$(c=0.04 \text{ mol/L})$

2.铬配合物吸收光谱测定

取已配制好的铬配合物溶液,放入 1 cm 比色皿中,在 721 型分光光度计在

360～700 nm 分别测定各配合物溶液的透光率(每 10 nm 读一次数据)。

五、实验结果

(1)记录各配合物在不同波长时的透光率。

(2)以波长 λ(nm)为横坐标,透光率(T)为纵坐标作图,即得到配合物的电子吸收光谱。

(3)由电子吸收光谱确定最大波长的吸收峰位置,并计算不同配体的 Δ_0,由 Δ_0 值的相对大小排出上述配体的分光化学序。

实验二 硫酸铜晶体的制备及硫酸铜中结晶水测试

一、实验目的

1. 掌握由金属铜制备铜盐的原理和方法；
2. 进一步熟练掌握称量、结晶、过滤等基本操作。

二、实验原理

$CuSO_4 \cdot 5H_2O$ 俗称胆矾、蓝矾或铜矾，其结构如图 4-2-2 所示，为蓝色三斜晶体，在干燥空气中会缓慢风化，150℃ 以上失去 5 个结晶水，成为白色无水硫酸铜。无水硫酸铜有极强的吸水性，吸水后显蓝色，可用于检验某些有机物中是否残留水分。在现实生产生活中，硫酸铜可杀灭真菌，与熟石灰混合可制农药波尔多液，用于控制柠檬、葡萄等作物上的真菌。

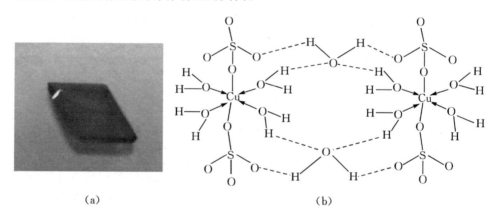

(a)   (b)

图 4-2-2　$CuSO_4 \cdot 5H_2O$ 晶体(a)及结构式(b)

$CuSO_4 \cdot 5H_2O$ 在工业上有多种制备方法，如氧化铜酸化法、硝酸氧化法等。本实验用铜丝(屑)与硫酸、硝酸铵和硝酸反应制备 $CuSO_4 \cdot 5H_2O$，主要反应为

$$Cu + 2NO_3^- + 4H^+ \longrightarrow Cu^{2+} + 2NO_2 + 2H_2O$$
$$3Cu + 2NO_3^- + 4H^+ \longrightarrow Cu^{2+} + 2NO_2 + 2H_2O$$
$$NO_2 + NO + 2NH_4^+ \longrightarrow 2N_2 + 2H^+ + 3H_2O$$

$$Cu^{2+} + SO_4^{2-} \longrightarrow CuSO_4$$

反应温度高反应速度快,但温度过高,反应生成的氮氧化物来不及与 NH_4^+ 反应,会产生大量的 NO_2 "黄烟"污染空气,因此制备时应注意控制反应温度。反应完成后,利用铜盐在水中溶解度的不同,可把 $CuSO_4 \cdot 5H_2O$ 分离出来。不同盐溶解度与温度关系如表 4-2-1 所示。

表 4-2-1　不同盐溶解度 $(g/100gH_2O)$ 与温度关系表

T/K	273	293	313	333	353	373
五水硫酸铜	23.1	32.0	44.6	61.8	83.8	114.0
硝酸铜	83.5	125.0	163.0	182.0	208.0	247.0

粗制的硫酸铜晶体中的杂质通常以硫酸亚铁、硫酸铁为较多。因此,可先将 Fe^{2+} 用 H_2O_2 氧化为 Fe^{3+},再调节溶液的 pH 至 4,使 Fe^{3+} 水解为 $Fe(OH)_3$ 沉淀而除去。

$$2Fe^{2+} + H_2O_2 + 2H^+ =\!=\!= 2Fe^{3+} + 2H_2O$$

$$Fe^{3+} + 3H_2O =\!=\!= Fe(OH)_3 + 3H^+$$

硫酸铜的结晶水含量可用热重分析法完成。热重分析是在程序控制温度下(一般指线性升温)测量物质的物理性质与温度关系的一项技术。只要物质受热时质量发生变化,就可以用热重法来研究其变化过程,如脱水、吸湿、分解、化合、吸附、解吸、升华等。将试样以恒定的升温速度加热时,连续测量试样的质量,所得质量 m(或质量百分比)与温度 T 的关系图称为热重曲线 (TG 曲线),如图 4-2-3 所示。

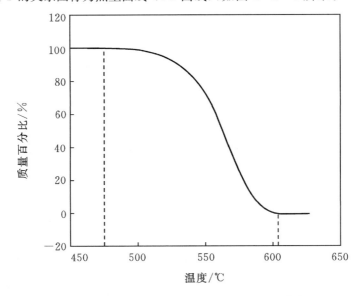

图 4-2-3　固体热分解反应的典型的 TG 曲线

根据图谱热重曲线可得试样组成、热分解温度等有关数据。本实验测定硫酸铜结晶水的数目。硫酸铜结晶水分三段失去,因此 TG 图上会出现 4 个平台。每步失水的个数可根据样品的失重、样品质量及的摩尔质量求出。

三、实验用品

1. 试剂

H_2SO_4(3.0 mol/L),HNO_3(浓),$NH_4NO_3 \cdot 6H_2O$(固体),HNO_3(1.0 mol/L),铜丝(或屑),醋酸,稀硫酸铜。

2. 仪器

台秤,水浴锅,铁架台及铁圈,烧杯(100 mL),量筒(10 mL),表面皿,蒸发皿,漏斗,滤纸,pH 试纸,鸡蛋,毛笔,石棉网,玻璃棒,胶头滴管,称量瓶。

四、实验步骤

1. 废铜丝的净化

称取 4.5 g 废铜丝(或屑),置于 100 mL 的烧杯中,加入 5 mL 1.0 mol/L 的 HNO_3,60 ℃水浴加热,以洗去铜丝上的污物(不要加热太久,以免铜丝过多的溶解在 HNO_3 中)。用倾析法过滤,并用水洗涤铜丝。

2. $CuSO_4 \cdot 5H_2O$ 的制备

把洗过的铜丝放入烧杯中,加入 20 mL 3.0 mol/L 的 H_2SO_4 溶液。称 1.0 g $NH_4NO_3 \cdot 6H_2O$ 晶体,取其中三分之一加入溶液中,盖上表面皿,在通风橱水浴加热到 60 ℃左右,当溶液中产生大量气泡时停止加热,否则会产生大量的"黄烟",待溶液中气泡减少时,将剩余的 $NH_4NO_3 \cdot 6H_2O$ 晶体分两次加入。然后取 5 mL 浓 HNO_3,在反应不太激烈时,分 8~9 次加入溶液中。当溶液中气泡很少时,停止加热,趁热过滤,滤液收集在烧杯中,缓慢冷却,静置,观察析出的晶体,用倾析法过滤。晶体吸干水分后称量,计算产率。

3. $CuSO_4 \cdot 5H_2O$ 的纯化及 $CuSO_4 \cdot 5H_2O$ 大晶体的生长

按粗产品:水 = 1:1.2(质量比)加入一定量的水,搅拌、加热、溶解。当硫酸铜完全溶解时,立即停止加热。往溶液中加入 1.5 mL 3‰ H_2O_2 溶液,加热,逐滴加入 0.5 mol/L 的 NaOH 溶液直至 pH $\approx$4(用 pH 试纸检验),加热至红棕色 $Fe(OH)_3$ 沉降。趁热过滤硫酸铜溶液。在滤液中加入 3~4 滴 1 mol/L 的 H_2SO_4

使溶液酸化。缓慢冷却,静置一周,待 $CuSO_4 \cdot 5H_2O$ 晶体析出。

倾析法将 $CuSO_4 \cdot 5H_2O$ 晶体分离,滤纸吸干称重。计算产率。回收硫酸铜。

4. $CuSO_4 \cdot 5H_2O$ 中结晶水含量的测定

(1)在精密度为十万分之一电子天平上称取 10 mg 磨细的 $CuSO_4 \cdot 5H_2O$,置于磁坩埚(准至 1 mg)中。

(2)按 TG 仪器简要操作手册对 TG 开机预热。按操作手册设置仪器,放入磁坩埚,其中测试参数中升温速度设为 5~10 ℃/min,温度范围设为室温~300 ℃。

测定完成后,分析、作图,处理数据和分析曲线,计算产品所含结晶水的百分数。

5. 趣味实验

蛋白留痕

取一只鸡蛋,洗去表面的油污,擦干。用毛笔蘸取醋酸,在蛋壳上写字。等醋酸蒸发后,把鸡蛋放在稀硫酸铜溶液里煮熟,待蛋冷却后剥去蛋壳,鸡蛋白上留下了蓝色或紫色的清晰字迹,而外壳却不留任何痕迹。

这是因为醋酸溶解蛋壳后能少量溶入蛋白。鸡蛋白是由氨基酸组成的球蛋白,它在弱酸性条件中发生水解,生成多肽等物质,这些物质中的肽键遇 Cu^{2+} 发生络合反应,呈现蓝色或者紫色。

思考题

1. NH_4NO_3 晶体和浓 HNO_3 为什么要分次加入?

2. 由所得 $CuSO_4 \cdot 5H_2O$ 质量怎样计算废铜的利用率?

3. 列出几种 $CuSO_4 \cdot 5H_2O$ 中水含量的测定方法。

实验三　硫酸亚铁铵的制备

一、实验目的

1.练习水浴加热、常压过滤和减压过滤等基本操作,学习 pH 试纸、吸管、比色管的使用;

2.了解复盐的一般特征和制备方法;

3.了解检验产品中杂质含量的一种半定量方法——目视比色法。

二、实验原理

复盐是由两种或两种以上的简单盐所组成的晶态化合物,在溶液中仍能解离成简单盐的离子,硫酸亚铁铵为一种常见的复盐。硫酸亚铁铵(Iron(II) ammonium sulfate),俗称摩尔盐,简称 FAS,如图 4 - 2 - 4 所示,为一种浅蓝绿色结晶或粉末的无机复盐,化学式为 $(NH_4)_2SO_4 \cdot FeSO_4 \cdot 6H_2O$。

$$\left[NH_4^+ \right]_2 \left[Fe^{2+} \right] \left[\begin{array}{c} O \\ \bar{O}-S-O^- \\ O \end{array} \right]_2$$

(a)固体　　　　　　　　　　(b)结构式

图 4 - 2 - 4　硫酸亚铁铵

它在空气中比一般亚铁盐稳定,不易被氧化,溶于水,不溶于乙醇。硫酸亚铁铵是一种重要的化工原料,用途十分广泛。如可在木材工业中用作防腐剂,在医药中用于治疗缺铁性贫血,日常用的蓝黑墨水是其与鞣酸、没食子酸等混合后配制的。

1.合成

硫酸铵、硫酸亚铁和硫酸亚铁铵在水中的溶解度如表 4 - 2 - 2 所示,在 0～40 ℃硫酸亚铁铵在水中的溶解度都小。因此,本实验利用溶解度差别由浓的 $FeSO_4$ 和 $(NH_4)_2SO_4$ 混合溶液中制备结晶的摩尔盐。

表 4-2-2　相关盐的溶解度(g/100g 水)

温度/℃ 盐(相对分子量)	10	20	30	40
$(NH_4)_2SO_4$ (132.1)	73.0	75.4	78.0	81.0
$FeSO_4 \cdot 7H_2O$ (277.9)	37	48.0	60.0	73.3
$FeSO_4 \cdot (NH_4)_2SO_4 \cdot 6H_2O$		36.5	45.0	53

首先,将金属铁屑溶于稀硫酸制得硫酸亚铁溶液:

$$Fe + H_2SO_4 = FeSO_4 + H_2 \uparrow$$

然后加入饱和的硫酸铵溶液制得混合溶液,加热浓缩,冷至得硫酸亚铁铵复盐:

$$FeSO_4 + (NH_4)_2SO_4 + 6H_2O = FeSO_4 \cdot (NH_4)_2SO_4 \cdot 6H_2O$$

2.产品检测

采用目视比色法半定量的判断产品等级。目视比色法是一种用眼睛辨别颜色深浅,以确定待测组分含量的方法。一般采用标准系列法。如图 4-2-5 所示,在一套等体积的比色管中配置一系列浓度不同的标准溶液,并按同样的方法配置待测溶液,待显色反应达平衡后,从管口垂直向下观察,比较待测溶液与标准系列中哪一个标准溶液颜色相同,便表明二者浓度相等。如果待测试液的颜色介于某相邻两标准溶液之间,则待测试样的含量可取两标准溶液含量的平均值。

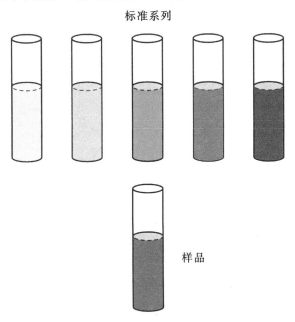

图 4-2-5　目视比色法图示

目视比色法的特点：

(1)利用自然光,无需特殊仪器;

(2)比较的是吸收光的互补色光;

(3)目测,方法简便,灵敏度高;

(4)准确度低(一般为半定量);

(5)不能多组分测定。

本实验根据 Fe^{3+} 能于 KSCN 生成血红色的配合物：

$$Fe^{3+} + nSCN^- \longrightarrow [Fe(SCN)_n]^{3-n}$$

Fe^{3+} 越多,血红色越深。因此,称取一定量制备的 $FeSO_4 \cdot (NH_4)_2SO_4 \cdot 6H_2O$ 晶体,在比色管中与 KSCN 溶液反应,制成待测溶液。将它所呈现的红色与含一定量 Fe^{3+} 所配制的标准溶液的红色进行比较,以确定产品的等级。

也可采用标准曲线法确定杂质 Fe^{3+} 的含量。

三、实验用品

1.试剂

Na_2CO_3(1.0 mol/L),HCl(2.0 mol/L),H_2SO_4(3.0 mol/L),NaOH(1.0 mol/L),KSCN(1.0 mol/L),乙醇(95%),Fe^{3+} 的标准溶液三份,固体 $(NH_4)_2SO_4$,铁屑,pH 试纸,滤纸。

2.仪器

托盘天平,锥形瓶,量筒,温度计,蒸发皿,酒精灯,玻棒,漏斗,抽滤瓶,布氏漏斗,烧杯,表面皿,比色管,比色管架,水浴锅,滤纸,pH 试纸。

四、实验步骤

1.硫酸亚铁铵的制备

1)铁屑的净化(除去油污)

锈铁屑通常有较多油污,可用碱煮的方法除去。具体如下:台秤称取 4.2 g 铁屑,置于锥形瓶内,加入 20 mL 10%的 Na_2CO_3 溶液,缓缓加热约 5~10 min,用倾析法除去碱液后,用去离子水清洗干净。

2)硫酸亚铁的制备

在通风橱中,将 15 mL 的 H_2SO_4 溶液(3.0 mol/L)倒入盛有洗净铁屑的锥形瓶中,水浴上加热 20 min,以便铁屑与稀硫酸发生反应。反应过程中可适当地添加去离子水,补充蒸发的水分。当体系不再产生气泡时,再加入 1 mL 的 3 mol/L 的 H_2SO_4。趁热用普通漏斗过滤,滤液盛于蒸发皿中。将残渣洗净,用滤纸吸干后称重(如残渣量极少,可不收集)。算出已作用的铁屑质量,计算硫酸亚铁的理论产量。

3)硫酸铵饱和溶液的制备

根据硫酸亚铁的理论产量和反应式中的计量关系,计算出所需 $(NH_4)_2SO_4$(s)的质量和室温下配制硫酸铵饱和溶液所需要 H_2O 的体积并配制 $(NH_4)_2SO_4$ 的饱和溶液。

4)硫酸亚铁铵的制备将 $(NH_4)_2SO_4$ 饱和溶液倒入 $FeSO_4$ 溶液中,用试纸检验溶液的 pH 试纸是否为 1～2,若酸度不够,则用 H_2SO_4 溶液(3.0 mol/L)调节。水浴蒸发混和溶液,浓缩至表面出现晶体膜为止(注意蒸发过程中不宜搅拌),静置,自然冷却,得硫酸亚铁铵晶体。减压抽滤,用 5 mL 乙醇淋洗晶体,继续抽干取出晶体。在表面皿上凉干,称重,计算产率。

2. 产品定性分析

自行设计产品中 SO_4^{2-},NH_4^+ 鉴定方法。

3. 产品等级鉴定

1)样品溶液配制

为除去溶解的氧,用烧杯将去离子水煮沸 5 min,然后盖好冷却备用。在比色管中加入 1.00 g 产品,再加入 10.0 mL 备用的去离子水,溶解。然后加入 2.00 mL 的 HCl(2.0 mol/L)溶液和 0.5 mL 的 KSCN(1.0 mol/L)溶液,并用备用的去离子水稀释到 25.00 mL,摇匀。

鉴定:与标准溶液进行目测比色,确定产品等级。

2)标准曲线法

Fe^{3+} 标准液配制:用吸量管吸取 Fe^{3+} 的标准液 5.00、10.00、20.00 mL 分别放入 3 支比色管中,然后各加入 2.00 mL 的 HCl 溶液(2.0 mol/L)和 0.5 mL 的 KSCN 溶液(1 mol/L)。用备用的含氧量较少的去离子水将溶液稀释到 25.00 mL,摇匀。产品等级 25 mL 溶液含铁离子 0.05、0.1 和 0.20 mg。分别为 I、II、III 试剂中铁离子最高允许含量。

3)目视比色法

4)Fe^{3+} 的定量分析

取 Fe^{3+} 标准液在 400～500 nm 波长做 Fe^{3+} 络合物吸收光谱图,确定最大吸收波长。在最大吸收波长处测 Fe^{3+} 标准溶液的吸光度,并绘制标准曲线。

在铁标准溶液测试条件下,测样品溶液吸光度,并计算样品中 Fe^{3+} 的含量。

五、实验结果

表 4-2-3　硫酸亚铁铵制备实验结果记录

已作用的铁质量/g	(NH₄)₂SO₄ 饱和溶液		FeSO₄ · (NH₄)₂SO₄ · 6H₂O			
	(NH₄)₂SO₄ 质量/g	H₂O 体积/mL	理论产量/g	实际产量/g	产率/%	级别

思考题

1. 蒸发浓缩硫酸亚铁铵溶液时,为什么须水浴蒸发? 在计算硫酸亚铁铵的理论产率时,是根据铁、硫酸还是硫酸铵的用量?

2. 确定硫酸亚铁铵级别时,为什么用不含氧的蒸馏水?

3. 如何用实验方法检验产品中的 NH_4^+、Fe^{3+} 和 SO_4^{2-}?

实验四　纳米二氧化钛粉的制备及其光催化活性测试

一、实验目的

1. 了解制备纳米材料的常用方法,测定晶体结构的方法;
2. 了解 X 射线衍射仪的使用,高温电炉的使用;
3. 了解光催化剂的一种评价方法。

二、实验原理

1. 纳米 TiO_2 的制备

纳米材料是指组成相或晶粒在任一维上尺寸小于 100 nm 的材料。研究发现,由于粒子尺寸小、有效表面积大而呈现出特殊效应如小尺寸效应、表面与界面效应等。

纳米粒子的制备方法有很多种,其中金属醇盐水解法较常见。金属醇盐水解法基本原理为:利用金属有机醇盐能溶于有机溶剂并可能水解生成氢氧化物或氧化物沉淀,来制备细粉料。此方法有以下特点:

(1) 粉体纯度高;

(2) 可制备化学计量的复合金属氧化物粉末。

本实验采用金属醇盐水解法制备 TiO_2 粉。首先钛酸四丁酯发生水解,形成无定形 TiO_2 粉,反应式如下:

$$Ti(O—C_4H_9)_4 + 4H_2O \longrightarrow Ti(OH)_4 + 4C_4H_9OH$$

$$Ti(OH)_4 + Ti(O—C_4H_9)_4 \longrightarrow TiO_2 + 4C_4H_9OH$$

$$Ti(OH)_4 + Ti(OH)_4 \longrightarrow TiO_2 + 4H_2O$$

然后 TiO_2 粉经过一定温度热处理向锐钛矿结构转变,再升高温度可转变为金红石结构。

TiO_2 的晶体结构可通过 X 衍射实验确定。TiO_2 的颗粒形貌和颗粒大小可通过透射电镜(TEM)观察。

2. 纳米 TiO_2 晶体结构表征

纳米 TiO_2 的晶型对催化活性影响较大。常见的 TiO_2 晶型有三种:锐态矿

(Anatase)、金红石(Rutile)和板态矿(Brookite),如图4-2-6所示。因为锐钛矿型 TiO_2 晶格中含有较多的缺陷和缺位,能产生较多的氧空位来捕获电子,所以具有较高的活性;但具有最稳定的晶型结构形式的金红石 TiO_2,晶化态较好,但几乎没有光催化活性。纳米材料的晶型可用 X 射线衍射仪进行表征。

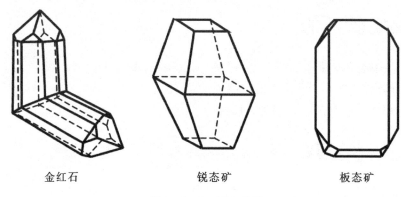

金红石　　　　　　　锐态矿　　　　　　　板态矿

图4-2-6　TiO_2晶型

多晶相样品根据 XRD 测试获得 XRD 图谱。由 XRD 图谱,根据衍射角度 2θ 峰,获得材料晶相信息如图4-2-7为 TiO_2 的 X 射线衍射图谱,$2\theta=25°$ 为红金石的特征衍射峰,$2\theta=27°$ 为锐钛矿特征衍射峰,并可进行物相分析,获得晶相含量的百分比。如样品 TiO_2 中含有两种晶相,则晶相含量的百分比公式为

$$C_A = \frac{A_A}{A_A + A_R} \times 100\%$$

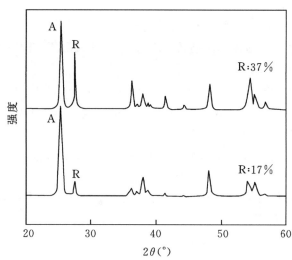

图4-2-7　TiO_2的 X 射线衍射图谱(A 为金红石,R 为锐钛矿)

如图 4-2-7 为 TiO_2 的 X 射线衍射图谱,利用图中金红石、锐钛矿特征峰强度不同,根据晶相含量的百分比公式可计算晶相含量。同样根据 XRD 图谱,通过谢乐公式可估算样品粒径。谢乐公式如下:

$$D_{hkl} = \frac{0.89\lambda}{\beta_{hkl} \cdot \cos\theta}$$

式中,D 表示晶粒粒度,单位 nm;λ 表示 x 射线的波长,一般采用 1.540 6 nm;β 为晶相主峰的半高宽;θ 为衍射角,注意 X 射线谱图上的角度是 2θ。

3.光降解率计算

TiO_2 在紫外光下可有效催化降解有机污染物。本实验考察 TiO_2 对甲基橙的光催化降解。其光降解率可用下式计算:

$$X = \frac{A_0 - A_t}{A_0} \times 100\%$$

三、实验用品

1.试剂

钛酸四丁酯,无水乙醇,去离子水,冰块,甲基橙。

2.仪器

高温电炉,红外烤箱,分光光度计,离心机,紫外灯,减压过滤装置,电子天平,坩埚,烧杯,容量瓶,样品瓶,磨口瓶,玻璃棒,超声波清洗机。

四、实验步骤

1.纳米 TiO_2 的制备

在一个 500 mL 的烧杯中,加入 100 mL 去离子水,另取 500 mL 烧杯加入 200 mL 无水乙醇、10 mL 钛酸四丁酯。将两个烧杯中溶液混合,观察钛酸四丁酯水解,形成白色 TiO_2 悬浮液。离心分离,将 TiO_2 粉放入红外烤箱干燥 1 h,取出,分成 3 份,一份在 500 ℃下热处理 1 h,一份在 700 ℃下热处理 1 h,一份保留。

2.纳米 TiO_2 的晶型表征

对不同温度煅烧后所得粉体进行 X 射线衍射(XRD)测试,$CuK\alpha1$ 辐射,$\lambda = 0.15405$ nm,X 射线管电压为 40 kV,管电流为 20 mA,扫描速率为 40 次/min,扫描范围(2θ)10°~80°。

3.光催化性能的测试

1)配制甲基橙溶液

称取一定量甲基橙,加水溶解,移入 250 mL 容量瓶,稀释定容,最终浓度为 0.02 g/L。（避光保存）

2)光催化活性测试

甲基橙溶液分为 4 份,分别加入 0.05 g 不同温度煅烧的纳米 TiO_2 粉体,超声波分散 15 min,将悬浊液放紫外灯下照射,每隔 10 min 取一次样。把取出的悬浊液在离心机中分离,用 UV260 型紫外可见分光光度计测其在 468 nm 处的吸光度,绘制 A-t 曲线,计算光降解率,比较三种样品的光催化降解效果。

五、问题与讨论

1.量取钛酸四丁酯的量筒应注意什么？

2.锐钛矿结构的 TiO_2 粉与金红石结构的 TiO_2 粉 X—衍射图有何不同？

实验五　草酸合铁酸钾的制备及表征

一、实验目的

1. 了解三草酸合铁(Ⅲ)酸钾的合成方法;
2. 掌握确定化合物化学式的基本原理和方法;
3. 巩固无机合成、滴定分析和重量分析的基本操作。

二、实验原理

三草酸合铁(Ⅲ)酸钾 $K_3[Fe(C_2O_4)_3] \cdot 3H_2O$ 为亮绿色单斜晶体,易溶于水而难溶于乙醇、丙酮等有机溶剂。受热时,在 110 ℃下可失去结晶水,到 230 ℃即分解。该配合物为光敏物质,光照下易分解。

本实验首先利用 $(NH_4)_2Fe(SO_4)_2$ 与 $H_2C_2O_4$ 反应制取 FeC_2O_4

$$(NH_4)_2Fe(SO_4)_2 + H_2C_2O_4 =\!=\!= FeC_2O_4(s) + (NH_4)_2SO_4 + H_2SO_4$$

在过量 $K_2C_2O_4$ 存在下,用 H_2O_2 氧化 FeC_2O_4 即可制得产物

$$6FeC_2O_4 + 3H_2O_2 + 6K_2C_2O_4 =\!=\!= 4K_3[Fe(C_2O_4)_3] + 2Fe(OH)_3(s)$$

反应中同时产生的 $Fe(OH)_3$ 可加入适量的 $H_2C_2O_4$ 也将其转化为产物

$$2Fe(OH)_3 + 3H_2C_2O_4 + 3K_2C_2O_4 =\!=\!= 2K_3[Fe(C_2O_4)_3] + 6H_2O$$

利用如下的分析方法可测定该配合物各组分的含量,通过推算便可确定其结构式。

1. 用重量分析法测定结晶水含量

将一定量产物在110℃下干燥,根据失重的情况即可计算出结晶水的含量。

2. 用高锰酸钾法测定草酸根含量

$C_2O_4^{2-}$ 在酸性介质中可被 MnO_4^- 定量氧化:

$$C_2O_4^{2-} + 2MnO_4^- + 16H^+ =\!=\!= 2Mn^{2+} + 10CO_2(g) + 4H_2O$$

3. 用高锰酸钾法测定铁含量

先用 Zn 粉将 Fe^{3+} 还原为 Fe^{2+},然后用 $KMnO_4$ 标准溶液滴定 Fe^{2+}:

$$5Fe^{2+} + MnO_4^- + 8H^+ =\!=\!= 5Fe^{3+} + Mn^{2+} + 4H_2O$$

4. 确定钾含量

配合物减去结晶水、$C_2O_4^{2-}$、Fe^{3+} 的含量后即为 K^+ 的含量。

三、实验用品

1.试剂

$(NH_4)_2Fe(SO_4)_2 \cdot 6H_2O(s)$,$H_2SO_4$(6 mol/L),$H_2C_2O_4$(饱和),$K_2C_2O_4$(饱和),$H_2O_2$(30%),乙醇,丙酮,$KMnO_4$(0.02 mol/L),Zn 粉,$H_2C_2O_4 \cdot 2H_2O$。

2.仪器

量筒(25 mL),量筒,滴管,烧杯,水浴锅,真空泵,抽滤瓶,布氏漏斗,滤纸,烘箱,酸式滴定管。

四、实验内容

1.三草酸合铁(Ⅲ)酸钾的合成

1)制取 $FeC_2O_4 \cdot 2H_2O$

称取 6.0g $(NH_4)Fe(SO_4)_2 \cdot 6H_2O$ 放入 250 mL 烧杯中,加入 1.5 mL 2 mol/L 的 H_2SO_4 和 20 mL 去离子水,加热使其溶解。另称取 3.0 g $H_2C_2O_4 \cdot 2H_2O$ 放到 100mL 烧杯中,加 30 mL 去离子水微热,溶解后取出 22 mL 倒入上述 250 mL 烧杯中,加热搅拌至沸,并维持微沸 5 min。静置,得到黄色 $FeC_2O_4 \cdot 2H_2O$ 沉淀。用倾斜法倒出清液,用热去离子水洗涤沉淀 3 次,以除去可溶性杂质。

2)制备 $K_3[Fe(C_2O_4)_3] \cdot 3H_2O$

在上述洗涤过的沉淀中,加入 15 mL 饱和 $K_2C_2O_4$ 溶液,水浴加热至 40 ℃,滴加 25 mL 3% 的 H_2O_2 溶液,不断搅拌溶液并维持温度在 40 ℃左右。滴加完后,加热溶液至沸以除去过量的 H_2O_2。取适量上述(1)中配制的 $H_2C_2O_4$ 溶液趁热加入使沉淀溶解至呈现翠绿色为止。冷却后,加入 15 mL 95% 的乙醇水溶液,在暗处放置,结晶。减压过滤,抽干后用少量乙醇洗涤产品,继续抽干,称量,计算产率,并将晶体放在干燥器内避光保存。

2.产物的定性分析

(1)自行拟定实验方案对 K^+、Fe^{3+} 和 $C_2O_4^{2-}$ 的鉴定。

(2)红外谱图表征:取一定量产品与 KBr 按 1∶100 混合,压片后,放入固体样品池进行红外光谱测试。

3.产物组成的定量分析

1)草酸根含量的测定

自行设计分析方案测定产物中 $C_2O_4^{2-}$ 含量。

2)铁含量测定

自行设计分析方案测定保留液中的铁含量。

3)结晶水质量分数的测定

自行设计分析方案测定产物中结晶水含量。

4)钾含量确定

由测得 H_2O,$C_2O_4^{2-}$,Fe^{3+} 的含量可计算出 K^+ 的含量,并由此确定配合物的化学式。

五、数据记录与处理

1.产物定性分析

产物定性分析结果填入表 4-2-4 中。

表 4-2-4　产物定性分析结果记录

试剂　　　　现象	$Na_3[Co(NO_2)_6]$	KSCN(0.1 mol/L)	$CaCl_2$(0.5 mol/L)
K^+ 的鉴定			
Fe^{3+} 的鉴定			
$C_2O_4^{2-}$ 的鉴定			

2.产物定量分析

产物定量分析结果填入表 4-2-5 中。

表 4-2-5　产物定量分析结果记录

项目	产物的重量	$KMnO_4$标准溶液消耗的体积	配合物的化学式
结晶水质量分数			
草酸根质量分数			
铁质量分数			

3.产物红外谱图及解析(略)

4.产物热重曲线及解析(略)

六、注意事项

所合成的钾盐是一种亮绿色晶体，易溶于水，难溶于丙酮等有机溶剂，它是光敏物质，见光分解。

思考题

1. 确定配合物中的草酸根含量还可以采取什么方法？如何实现？

2. 如何提高产率？能否用蒸干溶液的办法来提高产率？

3. 用乙醇洗涤的作用是什么？

4. 氧化 $FeC_2O_4 \cdot 2H_2O$ 时，氧化温度控制在 40 ℃，不能太高，为什么？

实验六　常见阴离子的分离与鉴定

一、实验目的

1.了解阴离子分离与鉴定的一般原则；
2.掌握常见阴离子分离与鉴定的原理和基本操作方法。

二、实验原理

许多非金属元素可以形成简单的或复杂的阴离子,例如 S^{2-}、Cl^-、Br^-、NO_3^- 和 SO_4^{2-} 等,许多金属元素也可以以复杂阴离子的形式存在,例如 VO_3^-、CrO_4^{2-}、$Al(OH)_4^-$ 等。所以,阴离子的总数很多。常见的重要阴离子有 Cl^-、Br^-、I^-、S^{2-}、SO_3^{2-}、$S_2O_3^{2-}$、SO_4^{2-}、NO_3^-、NO_2^-、PO_4^{3-}、CO_3^{2-} 等十几种,这里主要介绍它们的分离与鉴定的一般方法。

许多阴离子只在碱性溶液中存在或共存,一旦溶液被酸化,它们就会分解或相互间发生反应。酸性条件下易分解的有 NO_2^-、SO_3^{2-}、$S_2O_3^{2-}$、S^{2-}、CO_3^{2-}；

酸性条件下氧化性离子(如 NO_3^-、NO_2^-、SO_3^{2-})可与还原性离子(如 I^-、SO_3^{2-}、$S_2O_3^{2-}$、S^{2-})发生氧化还原反应。还有一些离子容易被空气氧化,例如 NO_2^-、SO_3^{2-}、S^{2-} 分别被空气氧化成 NO_3^-、SO_4^{2-} 和 S 等,分析不当很容易造成错误。

由于阴离子间的相互干扰较少,实际上许多离子共存的机会也较少,因此大多数阴离子分析一般都采用分别分析的方法,只有少数相互有干扰的离子才采用系统分析法,如 S^{2-}、SO_3^{2-}、$S_2O_3^{2-}$、Cl^-、Br^-、I^- 等。混合离子鉴定时,需利用性质相近离子的不同特性先进行分离,再利用特性进行分析。

利用常见阴离子的特性来进行鉴定：
(1)挥发:遇酸生成气体(如: $CO_3^{2-} \longrightarrow CO_2 \uparrow$)；
(2)沉淀:形成难溶盐的性质(如: $BaCO_3$、$BaSO_4$、PbS、$AgCl$)；
(3)氧化还原:氧化还原性(如: SO_3^{2-} 与 $KMnO_4$ 作用)；
(4)特效反应:及各离子的特效反应。

三、实验用品

1.试剂

HCl(6 mol/L),HNO₃(6 mol/L),HAc(6 mol/L),H₂SO₄(3 mol/L),H₂SO₄(浓),HNO₃(浓),BaCl₂(0.1 mol/L),AgNO₃(0.1 mol/L),KI(0.1 mol/L),KMnO₄(0.01 mol/L),(NH₄)₂MoO₄(0.1 mol/L),氨水(2 mol/L),石灰水(饱和),FeSO₄(固体),CCl₄,锌粉,淀粉-I₂试剂,1‰亚硝酰铁氰化钠,α-萘胺、对氨基苯磺酸、pH 试纸。

浓度均为 0.1 mol/L 的阴离子混合液:CO_3^{2-},SO_4^{2-},NO_3^{-},PO_4^{3-} 一组;Cl^{-},Br^{-},I^{-} 一组;S^{2-},SO_3^{2-},$S_2O_3^{2-}$ 一组;未知阴离子混合液可配 3～4 个离子一组。

2.仪器

内试管,离心试管,点滴板,滴管,酒精灯,烧杯,离心机等。

四、实验步骤

1.已知阴离子混合液的分离与鉴定

按例题格式,设计出合理的分离鉴定方案,分离鉴定下列三组阴离子。

(1) CO_3^{2-}、SO_4^{2-}、NO_3^{-}、PO_4^{3-};

(2) Cl^{-}、Br^{-}、I^{-};

(3) S^{2-}、SO_3^{2-}、$S_2O_3^{2-}$。

2.未知阴离子混合液的分析

某混合离子试液可能含有 CO_3^{2-}、NO_2^{-}、NO_3^{-}、PO_4^{3-}、SO_3^{2-}、$S_2O_3^{2-}$、SO_4^{2-}、S^{2-}、Cl^{-}、Br^{-}、I^{-},按下列步骤进行分析,确定试液中含有哪些离子。

1)初步检验

(1)用 pH 试纸测试未知试液的酸碱性。如果溶液呈酸性,哪些离子不可能存在? 如果试液呈碱性或中性,可取试液数滴,用 3 mol/L 的 H₂SO₄酸化并水浴加热。若无气体产生,表示 CO_3^{2-}、NO_2^{-}、S^{2-}、SO_3^{2-}、$S_2O_3^{2-}$ 等离子不存在;如果有气体产生,则可根据气体的颜色、气味和性质初步判断哪些阴离子可能存在。

(2)钡组阴离子的检验。在离心试管中加入几滴未知液,加入 1～2 滴 1 mol/L 的 BaCl₂溶液,观察有无沉淀产生。 如果有白色沉淀产生,可能有 SO_4^{2-}、SO_3^{2-}、PO_4^{3-}、CO_3^{2-} 等离子($S_2O_3^{2-}$ 的浓度大时才会产生 BaS_2O_3 沉淀)。离心分离,在沉淀中加入数滴 6 mol/L 的 HCl,根据沉淀是否溶解,进一步判断哪些离子可能存在。

（3）银盐组阴离子的检验。取几滴未知液,滴加 0.1 mol/L 的 $AgNO_3$ 溶液。如果立即生成黑色沉淀,表示有 S^{2-} 存在;如果生成白色沉淀,迅速变黄变棕变黑,则有 $S_2O_3^{2-}$。但 $S_2O_3^{2-}$ 浓度大时,也可能生成 $Ag(S_2O_3)_2^{3-}$ 不析出沉淀。Cl^-、Br^-、CO_3^{2-}、PO_4^{3-} 都与 Ag^+ 形成浅色沉淀,如有黑色沉淀,则它们有可能被掩盖。离心分离,在沉淀中加入 6 mol/L 的 HNO_3,必要时加热。若沉淀不溶或只发生部分溶解,则表示有可能 Cl^-、Br^-、I^- 存在。

（4）氧化性阴离子检验。取几滴未知液,用稀 H_2SO_4 酸化,加 CCl_4 5～6 滴,再加入几滴 0.1 mol/L 的 KI 溶液。振荡后,CCl_4 层呈紫色,说明有 NO_2^- 存在（在此处判断时必须先排除 SO_3^{2-} 的干扰,若溶液中有 SO_3^{2-} 等,酸化后 NO_2^- 先与它们反应而不一定氧化 I^-,CCl_4 层无紫色不能说明无 NO_2^-）。

（5）还原性阴离子检验。取几滴未知液,用稀 H_2SO_4 酸化,然后加入 1～2 滴 0.01 mol/L 的 $KMnO_4$ 溶液。若 $KMnO_4$ 的紫红色褪去,表示可能存在 SO_3^{2-}、$S_2O_3^{2-}$、S^{2-}、Cl^-、Br^-、I^-、NO_2^- 等还原性离子。如果未知液用稀 H_2SO_4 酸化后还能使淀粉-碘溶液的蓝色褪去,说明可能存在 S^{2-}、SO_3^{2-}、$S_2O_3^{2-}$ 等强还原性离子。

根据（1）～（5）实验结果,判断有哪些离子可能存在。

2）确证性试验

根据初步试验结果,对可能存在的阴离子进行确证性试验。

3.混合阴离子分离与鉴定举例

[例1] SO_4^{2-}、NO_3^-、Cl^-、CO_3^{2-} 混合液的定性分析

（分析:由于这四个离子在鉴定时互相无干扰,均可采用分别分析法）

方案:

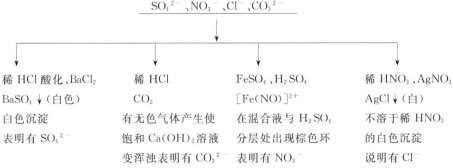

[例2] 某阴离子未知溶液经初步试验结果如下:

①溶液用 3 mol/L 的 H_2SO_4 酸化时无气体产生;

②酸性溶液中加入 $BaCl_2$ 时无沉淀析出;

③加入稀 HNO_3 和 $AgNO_3$ 溶液有黄色沉淀析出;

④溶液能使酸性 $KMnO_4$ 紫色褪去,但与酸化的 KI 试液无反应;

⑤溶液加稀硫酸再加碘—淀粉试液也无反应。

由以上初步实验结果:请推测哪些阴离子可能存在? 拟出进一步鉴别的步骤(表4-2-6)。

表 4-2-6　初步试验结果鉴别步骤

内容	操作步骤	现象	结论
酸碱性实验	观察溶液颜色,测 pH		
挥发性试验	加稀 H_2SO_4	无气体产生	不存在 CO_3^{2-}、NO_2^-、S^{2-}、SO_3^{2-}、$S_2O_3^{2-}$
氧化性阴离子实验	加酸化的 KI 试液	无反应	不存在 NO_2^-
还原性阴离子实验	加酸性 $KMnO_4$	紫色褪去	可能含有 SO_3^{2-}、$S_2O_3^{2-}$、S^{2-}、Br^-、I^-、NO_2^- 等还原性离子
	用稀 H_2SO_4 酸化,再加碘—淀粉试液	无明显变化	不存在 SO_3^{2-}、$S_2O_3^{2-}$、S^{2-} 等强还原性离子
难溶盐实验	酸性溶液中加入 $BaCl_2$	无沉淀析出	不存在 SO_4^{2-}
	加入稀 HNO_3 和 $AgNO_3$ 溶液	有黄色沉淀析出	不存在 S^{2-}、$S_2O_3^{2-}$;一定存在 I^-;不一定存在 Br^-、Cl^-

故,初步判断该未知液中必然含有 I^-;可能含有 Br^-、Cl^-、NO_3^-;需进一步用各阴离子相应的特征反应鉴别。

五、注意事项

1.离心机安放要求水平、稳固,离心前必需将放置于对称位置上的离心套筒、离心试管及离心液进行平衡,以达到力矩平衡。

2.离心试管盛液不宜过满,避免腐蚀性液体溅出腐蚀离心机,同时造成离心不平衡。

3.离心完毕应关电源,等待转轴自停,严禁用手助停,以免伤人损机,使沉淀泛起。

思考题

1.某阴离子未知溶液经初步试验结果如下:

①酸化时无气体产生;

②加入 $BaCl_2$ 时有白色沉淀析出,再加 HCl 后又溶解;

③加入 $AgNO_3$ 有黄色沉淀析出,再加 HNO_3 后发生部分沉淀溶解;

④溶液能使 $KMnO_4$ 紫色褪去,但与 KI、碘—淀粉试液无反应。

试指出:哪些离子肯定不存在? 哪些离子肯定存在? 哪些离子可能存在?

2.进行离心分离操作时需注意哪些问题?

实验七　铝合金表面图形化

一、实验目的

1. 掌握铝的两性特征；
2. 了解铝合金表面图纹化的基本原理和方法。

二、实验原理

铝及铝合金是一类非常重要的有色金属,在工业和日常生活中有着非常广泛的应用。铝合金具有较高的力学强度、硬度、耐磨性、耐蚀性以及易于加工等优良性质,可作为航空航天、汽车船舶的重要结构材料,亦是家居装修装潢不可或缺的建筑材料。

铝及铝合金的图纹装饰是通过对其进行部分刻蚀,获得一定深度的图形或文字,然后在其上着色,从而达到具有立体感的彩色装饰效果。生活中的招牌制作、仪器设备表面图文刻印、薄片零件复杂的线路刻印都属于此类工艺。铝及铝合金的图文主要通过化学刻蚀或电解刻蚀得到。化学刻蚀采用有机保护胶局部保护不需刻蚀的部位,利用铝的两性特征,选择合适浓度的酸或碱溶解铝及铝合金。该方法具有工艺简单、刻蚀速度快、经济且效果好等优点。

相关反应式如下：

$$2Al(s) + 6H^+ (aq) \longrightarrow 2Al^{3+} (aq) + 3H_2(g)$$

$$2Al(s) + 2OH^- (aq) + 6H_2O(l) \longrightarrow 2Al(OH)_4^- (aq) + 3H_2(g)$$

化学刻蚀图纹化基本工艺流程如下：碱性化学除油→（水洗→抛光）→水洗→干燥→上胶→烘干→刻蚀（化学或电化学刻蚀）→水洗→除膜→水洗→（着色）→干燥。

三、实验用品

1. 试剂

铝合金片、油墨、丝网、氢氧化钠、碳酸钠、硝酸（1∶1）、硝酸钠,亚硝酸钠,十二水合磷酸钠、硫酸、丙酮,氯化钠。

2.仪器

大烧杯、丝印台、稳定直流电源、磁力加热搅拌器、烘箱、透明胶带、竹镊、手套等。

四、实验步骤

1.配方

1)除油

　　氢氧化钠：　　　　　50～55 g/L　　　(2.6 g/ 50 mL)

2)抛光

　　碱液配方：(选作！注意安全！)

　　(根据以上比例计算所需试剂用量)

　　氢氧化钠：160～200 g/L

　　硝酸钠：　150～180 g/L

　　亚硝酸钠：135～150 g/L

　　磷酸钠：　100～120 g/L　　　　　最好选 125 g/L

3)刻蚀

　　稀盐酸 5 %

4)阳极氧化

　　硫酸：160～200 g/L　　　140 mL 15% H_2SO_4

(注：根据我们样品的大小配不同体积溶液！不要浪费！会产生腐蚀烟雾,保护胶气味较大,都在通风橱中操作)

2.化学刻蚀

1)除油

将铝合金放入配制好的碱洗液中,在 30～40 ℃的碱液中反应 2～3 min,之后要用去离子水清洗干净,备用。

2)抛光

将除完油的铝合金片放入配制好的碱性抛光液中,控制温度在 60～70 ℃,反应时间 30～60 s(要严格控制时间),用去离子水清洗干净,备用。(砂面效果)

3)图案印制

采用丝网印制的方法获得图案。

将印有图案的丝网固定在丝印台上,将待印制铝合金片对准图案,用调墨刀取少量油墨于一次性塑料杯中,加 10% 左右开油水搅拌均匀,使油墨粘度降低至便于印制。注意也不能太稀,否则使得丝印后成膜太薄,不利后期的保护。(一般丝印在基材上的厚度为 $20\sim25~\mu m$,烘干后厚度在 $10\sim15~\mu m$)

取少量油墨置于图案上方,用刮板控制油墨小心均匀用力刮过图案,使铝合金片上印上所需图案。用对流式烘箱烘烤:110 ℃烤 30 min。使油墨完全干燥。

4)刻蚀

40 ℃下放入刻蚀液中刻蚀。根据喜好刻蚀不同的时间,达到预期效果后取出,去离子水冲洗表面。

5)除去掩膜

用 2%的氢氧化钠溶液除蓝色掩膜,温度控制在 $40\sim50$ ℃,$15\sim30$ s。也可用丙酮擦拭去除。认真冲洗去除表面残留离子。

6)沸水生成保护膜

将刻蚀好的铝合金片放在沸水中煮 $1\sim2$ min,表面会生成一层 Al_2O_3 保护膜,以便保存。铝合金颜色会因膜厚不同而有一定变化。

3.电化学刻蚀

(1)按上述方法进行铝合金表面的碱洗和抛光;

(2)用镂空剪纸的方法用单面不干胶纸剪出所需印制图案,小心将花样贴在想要刻蚀的金属表面,压紧;

(3)用透明胶带仔细封闭图案周边,使得不要被腐蚀的金属面被有效的保护;

(4)将正极鳄鱼夹夹在金属片其他部分,开启电源,电压控制在 5 V 左右。负极用棉签或包裹小块毛毡的电极头蘸取少量 NaCl 溶液,轻轻涂在需要腐蚀的区域,保持 $20\sim30$ s;

(5)检查腐蚀情况,达到满意的图案效果后关闭电源,去除绝缘胶带等保护部分,用清水充分洗涤去除刻蚀表面盐溶液,拭干。

五、注意事项

1.若抛光的温度过高,反应剧烈会放出大量的热导致抛光液沸腾,要防止抛光液溢出! 严格的控制反应时间。

2.所有反应在通风橱中进行!

3.实验中要注意强酸强碱的伤害,注意安全!

4.印刷过程中,由于堵网或停留时间较长需要擦洗网面时用力不要过大,否则会造成模版损伤而漏油。擦洗时注意避免擦洗图案处,主要清洗印刷面。

思考题

1.查资料推测抗腐蚀油墨的主要成分是什么？
2.电化学刻蚀时只用了 NaCl 溶液，为什么能在铝合金上刻出图案？

第5章　分析化学实验

第一部分　基础实验

实验一　滴定管、容量瓶和移液管的使用和校准练习

一、实验目的

1.进一步熟悉分析天平的称量操作；

2.了解容量器皿校准的意义；

3.掌握滴定管、容量瓶、移液管的使用及校准方法。

二、实验原理

容量器皿的容积与其所标出的体积并非完全相符。因此,在准确度要求较高的分析工作中,必须对容量器皿进行校准,保证其精度达到实验要求。

由于玻璃具有热胀冷缩的特性,在不同的温度下容量器皿的容积也有所不同。因此,校准玻璃器皿时,必须规定一个共用的温度值,这一规定温度值称为标准温度,国际上规定玻璃器皿的标准温度为 20 ℃。即在校准时都将玻璃容量器皿的容积校准到 20 ℃时的实际容积。

容积的单位是立方分米,1 立方分米(dm^3)又称 1 升(L)。千分之一升为 1 毫升(mL)。

容量器皿通常有两种校准方法:相对校准和绝对校准。

相对校准是两种容器之间的容积有一定的比例关系时常采用的一种校准方法。例如 25 mL 移液管量取液体的体积应等于 250 mL 容量瓶量取体积的 1/10。

绝对校准是测定容量器皿的实际容积。常用的标准方法为称量法。该方法用天平称得容量器皿容纳或放出的纯水质量,然后根据水的质量和密度,计算出容量

器皿在标准温度 20 ℃时的实际容积。但在进行校准换算时要考虑三方面的影响：①水的密度随着温度的改变而改变(在 3.98 ℃时，纯水的密度最大)；②玻璃器皿的容积随温度的改变而改变；③在空气中称量时浮力对称量的影响。为了方便计算，将上述三个因素综合校准合并为一总校准值。经总校准后的纯水密度值见表 5-1-1。

表 5-1-1　不同温度下，经总校准后的纯水密度

温度/℃	密度/(g/mL)	温度/℃	密度/(g/mL)	温度/℃	密度/(g/mL)
10	0.998 4	17	0.997 6	24	0.996 4
11	0.998 3	18	0.997 5	25	0.996 1
12	0.998 2	19	0.997 3	26	0.995 9
13	0.998 1	20	0.997 2	27	0.995 6
14	0.998 0	21	0.997 0	28	0.995 4
15	0.997 9	22	0.996 8	29	0.995 1
16	0.997 8	23	0.996 6	30	0.994 8

注：空气密度为 0.001 2 g/mL，钠钙玻璃体膨胀系数为 2.6×10^{-6} ℃$^{-1}$。

实际应用时，只要称出被校准的容量器皿容纳或放出的纯水质量，再除以该温度时水的密度值，就得到该容量器皿在 20 ℃时的实际容积。例如：25 ℃时由滴定管放出 10.09 mL 水，称得其质量为 10.08 g，算出这段滴定管的实际体积为 10.08/0.996 1=10.12 mL，故滴定管这段容积的校准值为 10.12-10.09=+0.03 mL。

一般玻璃量器校正周期为 3 年，其中滴定管为 1 年。

三、实验用品

电子天平，50 mL 酸式滴定管，250 mL 容量瓶，25 mL 移液管，普通温度计(0~50 ℃或 0~100 ℃)带磨口塞锥形瓶等。

四、实验步骤

1.滴定管的使用和校准

将具塞的 50 mL 锥形瓶洗净，保证器壁上不应挂有水珠。然后，将其外部擦干(为什么?)。在分析天平上称出其质量，准确至小数点后第二位。(为什么?)

在洗净的滴定管中，装满纯水并记录水温，调节纯水至 0.00 刻度，按正确的操

作,以每分钟不超过 10 mL 的流速,放出 10 mL 的纯水于已称重的锥形瓶中,塞紧塞子,称出"瓶+水"的质量(称至小数点后第几位?),此值减去空锥形瓶的质量即为放出纯水的质量。用同样的方法称量滴定从 0~10、0~15、0~20、0~25 及 0~30 mL 等刻度间的纯水的质量。按照实验温度时纯水的密度,即可得滴定管各部分的实际体积。从滴定管所标定的容积和实际体积之差,求出校准值。重复校准一次,两次相应的校准值之差应小于 0.02 mL,求出平均值。

现将在温度为 25 ℃时校准某一支滴定管的实验数据列于表 5-1-2。参照表 5-1-2 格式作记录,实验完毕后进行计算(记录格式在预习时应画好)。

表 5-1-2 滴定管的校准

滴定管读数/mL	读出的总容积/mL	水质量/g	实际总容积/mL	校准总体积/mL
0.03				
10.13	10.10	10.08	10.12	+0.02
20.10	20.07	19.99	20.07	0.00
30.17	30.14	30.07	30.19	+0.05
40.20	40.17	40.04	40.20	+0.03
49.99	49.96	49.87	50.07	+0.11

注:水的温度=25 ℃,水的密度=0.9961 g/mL

2.移液管的校准

分度移液管的校准方法同滴定管,无分度移液管只需校准容量。

3.容量瓶的校准

对清洗干净并经过干燥处理的容量瓶进行称量,称得空容量瓶的质量。加入纯水至标线处,称得纯水的质量。按照与校正滴定管同样的计算方法算出实际容量。

4.容量瓶、移液管的相对校准

取清洁、干燥的 250 mL 容量瓶一只,用移液管准确地移入纯水 25 mL,重复移取 10 次后。观察瓶颈中的液面最低点是否与标线相切,如不相切,应另作标记。经过这样相互校准后的容量瓶与移液管,便可以较好的配套使用。

思考题

1.怎样检查滴定管是否洗涤干净?使用未洗净的滴定管对滴定有什么影响?

2.滴定管怎样捡漏?酸式滴定管的玻塞应该怎样涂脂?为什么?

3.滴定管中存在气泡对滴定有什么影响？应该怎样除去？

4.称量用的锥形瓶为何要用"具塞"的？不加塞行不行？

5.称量水的质量时,应称准至小数点后第几位(以 g 为单位)？为什么？

6.如何正确使用移液管？

实验二　酸碱标准溶液的配制和标定

一、实验目的

1. 进一步熟悉台称、电子天平、移液管及滴定管的使用方法；
2. 练习滴定操作，掌握准确地确定滴定终点的方法；
3. 熟悉甲基橙和酚酞指示剂的使用和终点的颜色变化；
4. 学会盐酸及氢氧化钠标准溶液的配制及标定方法。

二、实验原理

　　浓盐酸易挥发，固体 NaOH 容易吸收空气中的水分和 CO_2，因此不能直接配制准确浓度的 HCl 和 NaOH 标准溶液[①]，只能先配制近似浓度的溶液，然后用基准物质标定其准确浓度。也可用另一已知准确浓度的标准溶液滴定该溶液，再根据它们的体积比求得未知溶液的浓度。

　　酸碱指示剂都具有一定的变色范围。0.2 mol/L 的 NaOH 和 HCl 溶液的滴定（强碱与强酸的滴定），其 pH 突跃范围为 4～10，应当选用在此范围内变色的指示剂，例如甲基橙或酚酞等。

　　标定酸溶液和碱溶液所用的基准物质有多种，本实验中各介绍两种常用的基准物。

1. 邻苯二甲酸氢钾（$KHC_8H_4O_4$）

　　摩尔质量大（204.2 g/mol），易纯化，且不易吸收水分，是标定碱的一种良好的基准物质。邻苯二甲酸氢钾中只有一个可电离的 H^+ 离子，标定时的反应如下：

$$KHC_8H_4O_4 + NaOH \longrightarrow KNaC_8H_4O_4 + H_2O$$

用它标定 NaOH 溶液时，可用酚酞作指示剂指示滴定终点，颜色为无色到浅红色（酚酞指示剂变色范围为 8.0～9.6）。根据邻苯二甲酸氢钾的质量和所消耗的 NaOH 溶液体积，可以计算 NaOH 溶液浓度。

2. 无水 Na_2CO_3

　　无水 Na_2CO_3 为基准物可标定 HCl 标准溶液的浓度。标定时常以甲基橙为指

---

　　①HCl 标准溶液通常用间接法配制，必要时也可以先制成 HCl 和水的恒沸解液，此溶液有精确的浓度，由此恒沸溶液加准确的一定量水，可得所需浓度的 HCl 溶液。

示剂。由于 Na_2CO_3 易吸收空气中的水分,因此采用市售基准试剂级的 Na_2CO_3 时应预先于 180 ℃下充分干燥,并保存于干燥器中。

NaOH 标准溶液与 HCl 标准溶液的浓度,一般只需标定其中一种,另一种则通过 NaOH 溶液与 HCl 溶液滴定时的体积比算出。标定 NaOH 溶液还是标定 HCl,要视采用何种标准溶液测定何种试样而定。原则上,应标定测定时所用的标准溶液,标定时的条件与测定时的条件(例如指示剂和被测成分等)应尽可能一致。

三、实验用品

1. 试剂

浓盐酸,NaOH,邻苯二甲酸氢钾,无水碳酸钠,酚酞指示剂,甲基橙指示剂。

2. 仪器

酸式滴定管,碱式滴定管,台秤,电子天平,移液管,锥形瓶,试剂瓶,量筒,凡士林,橡皮筋,标签纸,洗耳球,烧杯,滴管,称量纸,药勺,玻璃棒,电子天平等。

四、实验步骤

1. HCl 和 NaOH 溶液的配制

1)0.2 mol/L 的 HCl 溶液的配制

用洁净量筒量取一定量浓 HCl(相对密度 1.19,约 12 mol/L)用蒸馏水稀释至 500 mL 后,转入磨口试剂瓶中,盖好瓶塞、充分摇匀,贴好标签备用。

2)0.2 mol/L 的 NaOH 溶液的配制

由台秤迅速称取一定量固体 NaOH 于烧杯中,加入约 60 mL 无 CO_2 的蒸馏水使之溶解,然后稀释至 500 mL,转入橡皮塞试剂瓶中,盖好瓶塞,摇匀,贴好标签备用。或取一定量 50% 的 NaOH(取上部清液),倒入试剂瓶中,加蒸馏水至 500 mL,摇匀,贴好标签备用(在配制溶液后均须立即贴上标签,注意应养成此习惯!)。

固体氢氧化钠极易吸收空气中的 CO_2 和水分,所以称量必须迅速。市售固体氢氧化钠常因吸收 CO_2 而混有少量 Na_2CO_3,以致在分析结果中引入误差,因此在要求严格的情况下,配制 NaOH 溶液时必须设法除去 CO_3^{2-} 离子,常用方法有以下两种:

(1)在台秤上称取一定量固体 NaOH 于烧杯中,用少量水溶解后倒入试剂瓶中,再用水稀释到一定体积(配成所要求浓度的标准溶液),加入 1~2 mL 20% $BaCl_2$ 溶液,摇匀后用橡皮塞塞紧,静置过夜,待沉淀完全沉降后,用虹吸管把清液转入另一试剂瓶中，塞紧，备用。

（2）饱和的 NaOH 溶液（50%）具有不溶解 Na_2CO_3 的性质，因此用固体 NaOH 配制的饱和溶液，其中的 Na_2CO_3 可以全部沉降下来。在涂蜡的玻璃器皿或塑料容器中先配制饱和的 NaOH 溶液，待溶液澄清后，吸取上层溶液，用新煮沸并冷却的水稀释至一定浓度。

长期使用的 NaOH 标准溶液，最好装入下口瓶中，瓶塞上部最好装一碱石灰管（为什么？）。

2. HCl 和 NaOH 浓度的标定

1）标定 NaOH 溶液

在电子天平上准确称取邻苯二甲酸氢钾三份（精确至 0.1 mg），每份 0.8～1.2 g。分别置于 250 mL 锥形瓶中，加 50 mL 蒸馏水（最好是用煮沸过的中性水），温热使之溶解，冷却。加 1～2 滴酚酞指示剂。然后用 0.2 mol/L 的 NaOH 溶液滴定上述溶液至由无色变为微红色，30 s 内不褪色，即为终点。平行测定 3 次，记录所耗 NaOH 溶液的体积。

2）标定 HCl 溶液

称取已经恒重的基准无水碳酸钠 0.2～0.3 g（精确至 0.0002 g），放入 250 mL 锥形瓶中，以 50 mL 蒸馏水溶解，加入甲基橙指示剂 1～2 滴。然后用 0.1 mol/L 盐酸溶液滴定至溶液由黄色变为橙色，记录 HCl 的消耗体积。平行测定 3 次，使测定的相对平均偏差小于 0.3%。

也可以用标定好的 NaOH 标准溶液来标定盐酸浓度。操作如下：用 25.00 mL 移液管取待标定的 HCl 标准溶液于锥形瓶中。加 1～2 滴酚酞指示剂，用 0.2 mol/L 的 NaOH 标准溶液滴定至溶液由无色变为淡红色，记录所消耗的 NaOH 溶液的体积。平行滴定 3 次，计算 HCl 标准溶液的平均浓度。

五、实验结果

将试验数据填入表 5-1-3 和表 5-1-4 中，并用下式计算 NaOH 和 HCl 浓度：

$$c(NaOH) = \frac{m(KHC_8H_4O_4)}{M(KHC_8H_4O_4) \times V(NaOH)}$$

$$c(HCl) = \frac{2m(Na_2CO_3)}{M(Na_2CO_3) \times V(HCl)}$$

表 5-1-3　NaOH 溶液的标定

编　号	Ⅰ	Ⅱ	Ⅲ
m(邻苯二甲酸氢钾)			
NaOH 终读数/mL			
NaOH 初读数/mL			
V(NaOH)/mL			
c(NaOH)/(mol/L)			
$\bar{c}$(NaOH)/(mol/L)			
$\bar{d}_r$			

表 5-1-4　HCl 溶液的标定

编　号	Ⅰ	Ⅱ	Ⅲ
V(HCl)/mL	25.00	25.00	25.00
V(NaOH)/mL			
$\bar{c}$(NaOH)/(mol/L)			
c(HCl)/(mol/L)			
$\bar{c}$(HCl)/(mol/L)			
$\bar{d}_r$			

思考题

1. 配制 NaOH 溶液时，称量固体 NaOH 使用台秤，为什么？

2. 配制 HCl 溶液时，为什么用量筒取浓 HCl？

3. 配制 NaOH、HCl 标准溶液时所用蒸馏水是否需要准确量取？

4. 在酸碱滴定中，每次指示剂的用量仅为 1～2 滴，为什么不可多用？

5. 若邻苯二甲酸氢钾加水后加热溶解，不等冷却就进行滴定，对标定结果有无影响？为什么？

6. 基准物质的称量范围是如何确定的？

7. NaOH 溶液的浓度应保留几位有效数字？为什么？

8. 用 HCl 溶液滴定 NaOH 溶液，甲基红变色时，pH 范围是多少？此时是否为化学计量点？

实验三　水中碱度的测定

一、目的要求

1. 进一步熟悉滴定管、移液管的使用方法；
2. 掌握双指示剂法测定混合碱的原理及方法；
3. 了解混合指示剂的优点和应用。

二、实验原理

　　碱度是指水中含有能与强酸发生中和作用的物质的总量，是衡量水体变化的重要指标，是水的综合性特征指标。在通常的工业用水或锅炉用水中构成碱度的物质主要分为三类：①氢氧化物（OH^-）碱度（以 NaOH 为代表）；②碳酸盐（CO_3^{2-}）碱度（以 Na_2CO_3 为代表）；③碳酸氢盐（HCO_3^-）碱度（以 $NaHCO_3$ 为代表）。但一般认为①与③两种碱度不能共存，因为它们可相互反应。因此，水中的碱度通常可有如下五种情况：①单纯氢氧化物碱度；②氢氧化物和碳酸盐碱度；③单纯碳酸盐碱度；④碳酸盐和碳酸氢盐碱度；⑤单纯碳酸氢盐碱度。

　　水中碱度的测定有连续滴定和分别滴定两种方法。连续滴定法是在同一水溶液中用两种不同的指示剂进行测定，故又称双指示剂法。此法方便、快速，在生产中应用普遍。常用的两种指示剂是酚酞和甲基橙。实验中先加酚酞指示剂，用 HCl 标准溶液继续滴定至无色。此时 NaOH 被完全滴定，而 Na_2CO_3 被滴定至 $NaHCO_3$，滴定反应到达第一化学计量点。设此时用去盐酸的体积为 V_1（单位为 mL），其滴定反应为

$$NaOH + HCl \Longrightarrow NaCl + H_2O$$
$$Na_2CO_3 + HCl \Longrightarrow NaHCO_3 + NaCl$$

第一化学计量点的产物为 $NaHCO_3$，

$$pH = -\lg \sqrt{K_{a1} K_{a2}} = -\lg \sqrt{4.2 \times 10^{-7} \times 4.7 \times 10^{-11}} = 8.4$$

记录 HCl 标准溶液用量 V_1（mL），计算得相应碱度称为酚酞碱度 P。

　　第一化学计量点后，再加甲基橙（变色范围 3.1～4.4）指示剂，用 HCl 标准溶液继续滴定至溶液由黄色变为橙色。滴定反应为

$$NaHCO_3 + HCl \Longrightarrow NaCl + \quad H_2CO_3$$
$$\downarrow CO_2 + H_2O$$

达到第二化学计量点的产物为 H_2CO_3（$CO_2 + H_2O$）。在室温下，CO_2 饱和溶

液浓度约为 0.04 mol/L,则

$$pH = -\lg \sqrt{cK_{a1}} = -\lg \sqrt{0.04 \times 4.2 \times 10^{-7}} \approx 3.9$$

记录标准溶液总用量 V_2,由此可计算出总碱度(甲基橙碱度)A。根据 V_1,V_2 数值还可计算出水样中 NaOH,Na$_2$CO$_3$,NaHCO$_3$ 含量。

以酚酞作指示剂时从微红色到无色的变化不敏锐,甲基橙终点在光线较暗或用量较多时也不易辨认,可改用甲酚红-百里酚蓝混合指示剂或溴甲酚绿-甲基红混合指示剂。甲酚红变色范围为 pH=6.7(黄)~8.4(红),百里酚蓝的变色范围是 pH=8.0(黄)~9.6(蓝),混合后的变色点是 pH=8.3,酸色呈黄色,碱色呈紫色,pH=8.3 时为樱桃色,变色敏锐。溴甲酚绿变色范围为 pH=3.8(黄)~5.4(蓝),甲基红变色范围为 pH=4.2(白)~6.2(黄),混合后酸色为酒红色,碱色呈绿色,变色点 pH=5.1 时为浅灰紫色,变色敏锐。

三、实验用品

1.试剂

试样溶液,0.2 mol/LHCl 标准溶液,酚酞指示剂,甲基橙指示剂,混合指示剂。

2.仪器

酸式滴定管,移液管,锥形瓶,洗耳球等。

四、实验步骤

(1)用移液管吸取待测水样 10 mL(依碱度高低,取样量可适当增减),加蒸馏水 10 mL,加混合指示剂 3 滴,用 0.2 mol/L HCl 标准溶液滴定,开始时溶液显红紫色,滴定至樱桃红色即为终点,(此颜色是从侧面看并以白色为背景时的效果,若从上向下看则为浅灰色),记录滴定用量 V_1。向溶液中再加甲基橙指示剂 2 滴(此时溶液为黄色),继续以 HCl 溶液滴定至橙色即为终点,记录标准溶液的总用量 V_2。

(2) 以 1~2 滴酚酞指示剂代替混合指示剂重复如上操作,测出 V_1,比较用混合指示剂和用酚酞指示剂时终点变化的情况。

以表格形式列出滴定记录及测定结果,讨论 V_1,V_2 的大小与水中碱度构成的关系及使用混合指示剂的体积,分析实验误差。

五、实验结果

根据 V_1 和 V_2，计算酚酞碱度以及甲基橙碱度（mmol/L，以每升水样可以中和的氢离子毫摩尔数表示）。

思考题

1. Na_2CO_3 是食碱主要成分，其中常含有少量的 $NaHCO_3$。能否用酚酞指示剂，测定 Na_2CO_3 含量？

2. 为什么移液管必须要用所移取溶液润洗，而锥形瓶则不用所装溶液润洗？

3. 如何从两步的滴定用量推断水溶液中碱度的构成？为什么只有当 $2V_1 < V_2$ 时才有 $NaHCO_3$ 碱度？

实验四 EDTA 标准溶液的配制和标定

一、实验目的

1. 学习 EDTA 标准溶液的配制和标定方法；
2. 掌握配位滴定的原理，了解配位滴定的特点；
3. 熟悉钙指示剂或二甲酚橙指示剂的使用。

二、实验原理

乙二胺四乙酸（简称 EDTA，常用 H_4Y 表示）难溶于水，常温下其溶解度为 $0.2\ g/L$（约 $0.0007\ mol/L$），在分析中通常使用其二钠盐配制标准溶液。乙二胺四乙酸二钠盐（也简称 EDTA）的溶解度为 $120\ g/L$，可配成 $0.3\ mol/L$ 以上的溶液，其水溶液的 $pH \approx 4.8$，通常采用间接法配制 EDTA 标准溶液。

标定 EDTA 溶液常用的基准物有 Zn、ZnO、$CaCO_3$、Bi、Cu、$MgSO_4$、$7H_2O$、Hg、Ni、Pb 等。通常选用其中与被测物组分相同的物质作基准物，这样，滴定条件较一致，可减小误差。

EDTA 溶液若用于测定石灰石或白云石中 CaO、MgO 的含量，则宜用 $CaCO_3$ 为基准物。首先将 HCl 溶液加入 $CaCO_3$ 中，其反应如下：

$$CaCO_3 + 2HCl \Longrightarrow CaCl_2 + CO_2 + H_2O$$

然后把溶液转移到容量瓶中并稀释，制成钙标准溶液。吸取一定量钙标准溶液调节酸度至 $pH \geqslant 12$，加入钙指示剂，以 EDTA 溶液滴定至溶液由酒红色变纯蓝色，即为终点。其变色原理如下：

钙指示剂（常以 H_3Ind 表示）在水溶液中按下式离解：

$$H_3Ind \Longrightarrow 2H^+ + HInd^{2-}$$

在 $pH \geqslant 12$ 的溶液中 $HInd^{2-}$ 与 Ca^{2+} 形成比较稳定的配离子，其反应如下：

$$HInd^{2-} + Ca^{2+} \Longrightarrow H^+ + CaInd^-$$

$$\text{纯蓝色} \qquad\qquad \text{酒红色}$$

因此在钙标准溶液中加入钙指示剂时，溶液呈酒红色。当用 EDTA 溶液滴定时，EDTA 与 Ca^{2+} 形成比 $CaInd^-$ 配离子更稳定的配离子。在滴定终点附近，$CaInd^-$ 配离子不断转化为较稳定的 CaY^{2-} 配离子，而钙指示剂则被游离了出来，其反应可表示如下：

$$CaInd^- + H_2Y^{2-} + OH^- \rule[0.5ex]{2em}{0.4pt} H_2O + CaY^{2-} + HInd^{2-}$$

酒红色　　　　　　　　　　　　　　无色　　纯蓝色

用此法测定钙时，若有 Mg^{2+} 共存(在调节溶液酸度为 pH≥12 时，Mg^{2+} 将形成 $Mg(OH)_2$ 沉淀)，Mg^{2+} 不仅不干扰钙的测定，而且使终点比 Ca^{2+} 单独存在时更敏锐。当 Ca^{2+}、Mg^{2+} 共存时，终点由酒红色到纯蓝色，当 Ca^{2+} 单独存在时则由酒红色到紫蓝色。因此，测定单独存在的 Ca^{2+} 时，常常加入少量 Mg^{2+}。

EDTA 溶液若用于测定 Pb^{2+}、Bi^{2+}，则宜以 ZnO 或金属锌为基准物，以二甲酚橙为指示剂。在 pH≈5～6 的溶液中，二甲酚橙指示剂本身显黄色，Zn^{2+} 的结合物呈紫红色。EDTA 与 Zn^{2+} 形成更稳定的配合物，因此 EDTA 溶液滴定至近终点时，二甲酚橙被游离了出来，溶液由紫红色变为黄色。

配位滴定中所用的水，应不含 Fe^{3+}、Al^{3+}、Cu^{2+}、Ca^{2+}、Mg^{2+} 等杂质离子。

配位反应速率较慢，要注意观察终点。

三、实验用品

1. 试剂

1) 以 $CaCO_3$ 为基准物时所用试剂

乙二胺四乙酸二钠盐，$CaCO_3$，1：1 的 $NH_3 \cdot H_2O$，镁溶液(溶解 1 g 的 $MgSO_4 \cdot 7H_2O$ 于水中，稀释至 200 mL)，10% 的 NaOH 溶液，钙指示剂(固体指示剂)。

2) 以 ZnO 为基准物时所用试剂

ZnO，1：1 的 HCl，1：1 的 $NH_3 \cdot H_2O$，二甲酚橙指示剂，20% 的六次甲基四胺溶液。

2. 仪器

台秤、酸式滴定管、电子天平、移液管、烧杯、锥形瓶、药匙、称量纸、试剂瓶。

四、实验步骤

1. 0.02 mol/L 的 EDTA 溶液的配制

在台秤上称取乙二胺四乙酸二钠盐 7.6 g，溶解于 300～400 mL 温水中，稀释至 1 L(如混浊，应过滤)。转移至 1000 mL 细口瓶中，摇匀。

2. 以 $CaCO_3$ 为基准物标定 EDTA 溶液

(1) 0.02 mol/L 标准钙溶液的配制：将碳酸钙基准物在 110 ℃干燥 2 h 后，在干燥器中冷却。称取 0.5～0.6 g(称准至小数点后第四位,为什么?)于小烧杯中,盖以表面皿,加水润湿,再从杯嘴边逐滴加入(注意! 为什么?)[①]数毫升 1∶1 的 HCl 至完全溶解,用水把可能溅到表面皿上的溶液淋洗入杯中,加热近沸,冷却后移入 250 mL 容量瓶中,稀释至刻度,摇匀。

(2)标定:用移液管移取 25 mL 标准钙溶液,置于锥形瓶中。加入约 25 mL 水、2 mL 镁溶液、5 mL 质量分数为 10% 的 NaOH 溶液及约 10 mg(绿豆大小)钙指示剂,摇匀后,用 EDTA 溶液滴定至溶液由红色变至蓝色,即为终点。平行测定 3 次,求出 EDTA 溶液浓度的平均值。

EDTA 溶液浓度计算公式如下:

$$c(\text{EDTA}) = \frac{m(\text{CaCO}_3) \times \frac{25}{250}}{M(\text{CaCO}_3) \times V(\text{EDTA})}$$

3. 以 ZnO 为基准物标定 EDTA 溶液

(1)锌标准熔液的配制:准确称取在 800～1000 ℃灼烧过(需 20 min 以上)的基准物 ZnO[②] 0.5～0.6 g 于 100 mL 烧杯中,用少量水润湿,然后逐滴加入 1∶1 的 HCl,边加边搅拌至完全溶解为止。然后,将溶液定量转移入 250 mL 容量瓶中。稀释至刻度并摇匀。

(2)标定:移取 25 mL 锌标准溶液于 250 mL 锥形瓶中,加约 30 mL 水,2～3 滴二甲酚橙指示剂,先加 1∶1 的氨水至溶液由黄色刚变橙色(不能多加),然后滴加 20% 的六次甲基四胺至溶液呈稳定的紫红色后再多加 3 mL[③],用 EDTA 溶液滴定至溶液由红紫色变亮黄色,即为终点。平行测定 3 次,EDTA 溶液浓度计算公式如下:

$$c(\text{EDTA}) = \frac{m(\text{Zn}) \times \frac{25}{250}}{M(\text{Zn}) \times V(\text{EDTA})}$$

五、注意事项

(1)配位反应进行的速度较慢(不像酸碱反应能在瞬间完成),故滴定时加入

[①]目的是为了防止反应过于激烈而产生 CO_2 气泡,使 $CaCO_3$ 飞溅损失。

[②]也可用金属锌作基准物。

[③]此处六次甲基四胺用作缓冲剂。它在酸性溶液中能生成 $(CH_2)_6N_4H^+$,此共轭酸与过量的 $(CH_2)_6N_4$ 构成缓冲溶液,从而能使溶液的酸度稳定在 pH=5～6。先加入氨水调节酸度是为了节约六次甲基四胺,因为六次甲基四胺的价格昂贵。

EDTA 溶液的速度不能太快,在室温较低时,尤其要注意。特别是指近终点时,应逐滴加入并充分振摇。

(2)配位滴定中,加入指示剂的量是否适当对于终点的观察十分重要,宜在实践中总结经验,加以掌握。

六、实验结果

将 EDTA 标准溶液的标定结果填入表 5-1-5 中。

表 5-1-5　EDTA 标准溶液的标定

	Ⅰ	Ⅱ	Ⅲ
$CaCO_3$ 或 ZnO 质量/g			
EDTA 终读数/ mL			
EDTA 初读数/mL			
$V(EDTA)/mL$			
$c(EDTA)/(mol/L)$			
$\bar{c}(EDTA)/(mol/L)$			
$\bar{d}_r$			

思考题

1.为什么通常使用乙二胺四乙酸二钠盐配制 EDTA 标准溶液,而不用乙二胺四乙酸配制?

2.以 HCl 溶液溶解 $CaCO_3$ 基准物时,操作中应注意些什么?

3.以 $CaCO_3$ 为基准物标定 EDTA 溶液时,加入镁溶液的目的是什么?

4.以 $CaCO_3$ 为基准物,以钙指示剂标定 EDTA 溶液时,应控制溶液的酸度为多少?为什么?怎样控制?

5.以 ZnO 为基准物,以二甲酚橙为指示剂标定 EDTA 溶液浓度的原理是什么?溶液的 pH 值应控制在什么范围?若溶液为强酸性,应怎样调节?

6.如果 EDTA 溶液在长期贮存中因侵蚀玻璃而含有少量 CaY^{2-}、MgY^{2-},则在 pH=10 的氨胺溶液中用 Mg^{2+} 标定和在 pH=4~5 的酸性介质中用 Zn^{2+} 标定,所得结果是否一致?为什么?

实验五　　水的硬度测定

一、实验目的

1. 学习配位滴定法测定水中总硬度的原理和方法；
2. 熟悉金属指示剂变色原理及使用方法。

二、实验原理

水的总硬度指水中钙、镁离子的总浓度，其中包括碳酸盐硬度（即通过加热能以碳酸盐形式沉淀下来的钙、镁离子，故又叫暂时硬度）和非碳酸盐硬度（即加热后不能沉淀下来的那部分钙、镁离子，又称永久硬度）。

硬度的表示方法尚未统一，我国使用较多的表示方法有两种：一种是将所测得的钙、镁折算成 CaO 的质量，即每升水中含有 CaO 的毫克数表示，单位为 mg/L；另一种以度计，1 硬度单位表示 10 万份水中含 1 份 CaO（每升水中含 10 mgCaO），$1°=10$ mg/L 的 CaO，这种硬度的表示方法称作德国度。

测定水的总硬度时，在 pH=10.0 的氨性缓冲溶液中，以铬黑 T 为指示剂，用 EDTA 标准溶液滴定。因稳定性 $CaY^{2-} > MgY^{2-} > MgIn^{-} > CaIn^{-}$，铬黑 T 指示剂先与 Mg^{2+} 配位形成 $MgIn^{-}$，溶液呈酒红色。当用 EDTA 滴定时，EDTA 先与游离的 Ca^{2+} 配位，再与 Mg^{2+} 配位。

$$Ca^{2+} + H_2Y^{2-} =\!=\!= CaY^{2-} + 2H^{+} \qquad Mg^{2+} + H_2Y^{2-} =\!=\!= MgY^{2-} + 2H^{+}$$

在化学计量点时，EDTA 从 $MgIn^{-}$ 中夺取 Mg^{2+}，从而使指示剂游离出来，溶液的颜色由酒红色变为纯蓝色即为终点。

$$\underset{\text{酒红色}}{MgIn^{-}} + H_2Y^{2-} =\!=\!= MgY^{2-} + \underset{\text{蓝色}}{In^{3-}} + 2H^{+}$$

水的总硬度可由 EDTA 标准溶液的浓度 $c(EDTA)$ 和消耗体积 V_1（mL）来计算。以 CaO 计，单位为 mg/L，

$$总硬度 = \frac{c(EDTA)V_1(EDTA)M(CaO)}{V(水样)}$$

在测定 Ca^{2+} 含量时，先将被测溶液用 NaOH 调至 pH=12，使 Mg^{2+} 沉淀为 $Mg(OH)_2$，然后加入钙指示剂与 Ca^{2+} 配位呈酒红色。滴定时，EDTA 先与游离的 Ca^{2+} 配位，再夺取与指示剂配位的 Ca^{2+}，游离出指示剂，溶液由酒红色变为纯蓝

色,即为终点。水的钙硬可由 EDTA 标准溶液的浓度 c(EDTA)和消耗体积 V_2(mL)来计算。

$$钙硬 = \frac{c(\text{EDTA})V_2(\text{EDTA})M(\text{CaO})}{V(\text{水样})}$$

滴定时,当水样中 Mg^{2+} 极少时,由于 $CaIn^-$ 比 $MgIn^-$ 的显色灵敏度要差很多,往往得不到敏锐的终点。为了提高终点变色的敏锐性,可在 EDTA 标准溶液中加入适量的 Mg^{2+},或在缓冲溶液中加入一定量的 Mg-EDTA 盐。Fe^{3+} 和 Al^{3+} 等干扰用三乙醇胺掩蔽;Cu^{2+}、Pb^{2+}、Zn^{2+} 等重金属离子则可用 KCN、Na_2S 或巯基乙酸掩蔽。

三、实验用品

1. 试剂

$CaCO_3$ 基准物,1∶1HCl,NH_3-NH_4Cl 缓冲溶液、10%NaOH 溶液、钙指示剂、铬黑 T 指示剂、水样等。

2. 仪器

酸式滴定管、移液管、锥形瓶、量筒、移液管等。

四、实验步骤

1. 水样的总硬度测定

用移液管移取水样 25.00 mL 于 250 mL 锥形瓶中,加入 5 mL NH_3-NH_4Cl 缓冲溶液,加少许铬黑 T 指示剂,摇匀。用 EDTA 标准溶液滴定至溶液由紫红色变为纯蓝色,记录 EDTA 标准溶液的用量。平行测定 3 次,取平均值。结果填入表 5-1-6 中。

表 5-1-6　水的总硬度的测定

	I	II	III
$\bar{c}$(EDTA)/(mol/L)			
V_1(EDTA)/mL			
水的总硬度/(mg/L)			
水的总硬度平均值/(mg/L)			
$\bar{d}_r$			

2.钙硬的测定

用移液管移取水样 25.00 mL 于 250 mL 锥形瓶中,加入 5 mL 的 NaOH 溶液,加少许钙指示剂,摇匀。用 EDTA 标准溶液滴定至溶液由酒红色变为纯蓝色,即为终点,记录 EDTA 的用量 V_2。平行测定 3 次,计算水中 Ca^{2+} 的硬度,以 mg/L 为单位表示。结果填入表 5-1-7 中。

表 5-1-7　钙硬的测定

	Ⅰ	Ⅱ	Ⅲ
$\bar{c}$(EDTA)/(mol/L)			
V_2(EDTA)/mL			
钙硬/(mg/L)			
钙硬平均值/(mg/L)			
$\bar{d}_r$			

思考题

1.测定水的总硬度时,为何要控制溶液的 pH＝10? 测定钙硬时,为何要控制溶液 pH＞12?

2.测定时,如果水样中含有少量 Fe^{3+}、Cu^{2+},对测定有什么影响? 怎样消除其影响?

3.实验能否连续滴定钙、镁离子?

附:水的硬度的表示方法

水的硬度的表示方法有多种,我国采用的表示方法与德国相同。以下为不同国家的表示方法。

德国度(d):1 L 水中含有相当于 10 mg 的 CaO,其硬度即为 1 个德国度(ld)。这是我国目前最普遍使用的一种水的硬度表示方法。

美国度(mg/L):1 L 水中含有相当于 1 mg 的 $CaCO_3$,其硬度即为 1 个美国度。

mmol/L:1 L 水中含有相当于 100 mg 的 $CaCO_3$,称其为 1 mmol/L 的硬度。

法国度(f):1 L 水中含有相当于 10 mg 的 $CaCO_3$,其硬度即为 1 个法国度(1f)。

英国度(e):1 L 水中含有相当于 14.28 mg 的 $CaCO_3$,其硬度即为 1 个英国度(le)。

水的硬度通用单位为 mmol/L，也可用德国度（d）表示。其换算关系为：1 mmol/L＝2.804 德国度（d）。

我国《生活饮用水卫生标准》规定，总硬度（以 $CaCO_3$ 计）限值为 450 mg/L。

实验六　高锰酸钾标准溶液的配制和标定

一、实验目的

1. 学习深颜色溶液滴定时滴定管的读数方法；
2. 掌握 $KMnO_4$ 标准溶液的配制及保存方法；
3. 掌握用 $Na_2C_2O_4$ 标定 $KMnO_4$ 溶液的原理及方法；
4. 了解氧化还原滴定中控制反应条件的重要性。

二、实验原理

高锰酸钾是氧化还原滴定中最常用的氧化剂之一。但市售试剂中常含有 MnO_2 和其他杂质，而高锰酸钾本身又有强氧化性，易和水中的有机物及空气中的尘埃等还原性物质作用，还能自行分解，见光分解得更快。因此，$KMnO_4$ 溶液的浓度容易改变，不能用直接法配制其标准溶液。

为配制较稳定的 $KMnO_4$ 标准溶液，可称取比理论量稍多的 $KMnO_4$ 溶于一定体积的水中，加热煮沸，冷却后储存在棕色瓶中，在暗处放置 7 天左右，待 $KMnO_4$ 将溶液中的还原性物质充分氧化后，过滤除去析出的 MnO_2 沉淀，再进行标定。若长期放置，使用前须重新标定其浓度。

$Na_2C_2O_4$ 和 $H_2C_2O_4 \cdot 2H_2O$ 是常用来标定 $KMnO_4$ 溶液的基准物。而 $Na_2C_2O_4$ 由于不含结晶水，性质稳定，容易精制，故更为常用。标定反应为

$$2MnO_4^- + 5CO_4^{2-} + 16H^+ \longrightarrow 2Mn^{2+} + 10CO_2 \uparrow + 8H_2O$$

为使反应定量进行，需注意以下滴定条件：

(1) 控制一定的酸度范围。在酸性条件下，$KMnO_4$ 的氧化能力较强。酸度过低，$KMnO_4$ 会部分被还原成 MnO_2；酸度过高，$H_2C_2O_4 \cdot 2H_2O$ 分解。一般滴定开始的适宜酸度为 1 mol/L。为防止 Cl^- 氧化的反应发生，应在 H_2SO_4 介质中进行。

(2) 控制一定的温度范围。适宜的温度为 $75 \sim 85\ ^{\circ}\text{C}$。温度低于 $60\ ^{\circ}\text{C}$，反应速度太慢；温度高于 $90\ ^{\circ}\text{C}$，草酸又将分解。

(3) 有 Mn^{2+} 作催化剂。滴定开始时，反应很慢，$KMnO_4$ 溶液必须逐滴加入，如滴加过快，部分 $KMnO_4$ 在热溶液中分解而造成误差。反应中生成的 Mn^{2+}，使反应速度逐渐加快，这就是自动催化作用。反应方程式如下：

$$4KMnO_4 + 2H_2SO_4 \longrightarrow 4MnO_2 + 2K_2SO_4 + 2H_2O + 3O_2$$

由于 $KMnO_4$ 溶液本身具有特殊的紫红色,滴定时,$KMnO_4$ 溶液稍过量即可被察觉,因此不需另加指示剂。

三、实验用品

1.试剂

H_2SO_4(3mol/L),$KMnO_4$(s),$Na_2C_2O_4$(s)。

2.仪器

酸式滴定管(50 mL),棕色试剂瓶,台秤,分析天平,烧杯(500 mL),电炉,水浴锅,玻璃砂芯漏斗等。

四、实验步骤

1. 0.02 mol/L 的 $KMnO_4$ 标准溶液的配制

称取 1.5~2.0 g $KMnO_4$ 固体,置于 500 mL 烧杯中,加入 400 mL 蒸馏水,盖上表面皿,加热煮沸 20~30 min,并随时补充因蒸发而失去的水。冷却后倒入洁净的棕色试剂瓶中,用水稀释至约 500 mL,摇匀,塞好塞子,静置 7~10 d 后,其上层的溶液用玻璃砂芯漏斗过滤,把残余溶液和沉淀倒掉。洗净试剂瓶,将滤液倒回瓶内,贴上标签,待标定。

2. $KMnO_4$ 标准溶液的标定

准确称取 3 份 0.15~0.20 g 的基准物 $Na_2C_2O_4$(在 100 ℃干燥并恒重),置于 250 mL 锥形瓶中,加入 40 mL 蒸馏水和 15 mL 3 mol/L 的 H_2SO_4 使其溶解,在水浴中慢慢加热直到有蒸汽冒出(75~85 ℃)。趁热用待标定的 $KMnO_4$ 溶液进行滴定,开始滴定时,速度宜慢,在第 1 滴 $KMnO_4$ 溶液滴入后,不断摇动溶液,当紫红色褪去后再滴入第 2 滴。待溶液中有 Mn^{2+} 产生后,反应速度加快,滴定速度就可适当加快,但也绝不可使 $KMnO_4$ 溶液连续流下。接近终点时,紫红色退去很慢,应减慢滴定速度,同时充分摇匀。最后滴加半滴 $KMnO_4$ 溶液,在摇匀后 30s 内仍保持为红色不褪色,表明已达到终点。记下此时 $KMnO_4$ 的体积,平行滴定 3 次,要求 3 次平行滴定结果的相对偏差小于 0.3%。

五、实验结果

记录数据并填写表 5-1-8。

表 5 - 1 - 8　KMnO₄标准溶液的标定

	Ⅰ	Ⅱ	Ⅲ
Na₂C₂O₄质量 m / g			
KMnO₄终读数/ mL			
KMnO₄初读数/mL			
消耗的 KMnO₄ 体积 V_1 / mL			
KMnO₄浓度 c/(mol/L)			
KMnO₄ 平均浓度 $\bar{c}$/ mol/L			
相对偏差 d_r			

根据下式计算 KMnO₄溶液的物质的量浓度，即

$$c(KMnO_4) = \frac{2m(Na_2C_2O_4)}{5M(Na_2C_2O_4) \cdot V(KMnO_4)}$$

思考题

1. 实验中为什么用 H_2SO_4 溶液调节酸性？是否可以用 HCl 或 HNO_3？

2. 高锰酸钾在中性、强酸性或强碱性溶液中被还原后的产物有何不同？

3. 实验中，第 1 滴高锰酸钾加入后，溶液褪色很慢，以后就越来越快了，为什么？

4. 标定时，若高锰酸钾标准溶液滴入过快，将会出现什么现象？对结果有何影响？

实验七　过氧化氢含量的测定(高锰酸钾法)

一、实验目的

掌握用高锰酸钾法测定过氧化氢含量的原理和方法。

二、实验原理

H_2O_2 是医药上的消毒剂,它在酸性溶液中很容易被 $KMnO_4$ 氧化而生成氧气和水,其反应如下:

$$5H_2O_2 + 2MnO_4^- + 6H^+ \longrightarrow 2Mn^{2+} + 8H_2O + 5O_2 \uparrow$$

在一般的工业分析中,常用 $KMnO_4$ 标准溶液测定 H_2O_2 的含量,由反应式可知,H_2O_2 在反应中氧原子的氧化数从 -1 升至 0。

在生物化学中,常利用此法间接测定过氧化氢酶的活性。例如,血液中存在的过氧化氢酶能使过氧化氢分解,因此用一定量的 H_2O_2 与其作用,然后在酸性条件下用标准 $KMnO_4$ 溶液滴定残余的 H_2O_2,就可以了解酶的活性。

三、实验用品

H_2O_2 样品,$KMnO_4$(0.02 mol/L)标准溶液,H_2SO_4(3 mol/L)等。

四、实验步骤

用移液管吸取 10 mL H_2O_2 样品,置于 250 mL 容量瓶中,加水稀释至标线。混合均匀。吸取 25 mL 稀释液 3 份,分别置于 3 个 250 mL 锥形瓶中,各加 5 mL 3 mol/L 的 H_2SO_4,用 $KMnO_4$ 标准溶液滴定至浅红色,记录 $KMnO_4$ 标准溶液消耗的体积。平行测定 3 次,计算未经稀释样品中 H_2O_2 的含量的平均值。要求 3 次测定结果的相对平均偏差小于 0.3%。

思考题

1.用 $KMnO_4$ 法测定 H_2O_2 时，为什么要在 H_2SO_4 酸性介质中进行，能否用 HCl 来代替？

2.H_2O_2 含量怎样计算？

实验八　水中化学耗氧量(COD)的测定

一、实验目的

1. 了解测定水中化学耗氧量(COD)的意义；
2. 掌握酸性高锰酸钾法和重铬酸钾法测定化学耗氧量的原理和方法。

二、实验原理

水样的耗氧量是水质污染程度的主要指标之一，它分为生物耗氧量(BOD)和化学耗氧量(COD)两种。BOD是指水中有机物质发生生物过程时所需要氧的量；COD是指在特定条件下，用强氧化剂处理水样时，水样所消耗的氧化剂的量，常用每升水消耗 O_2 的量来表示。COD是表示水体被还原性物质污染程度的主要指标，是环境保护和水质控制中经常需要测定的项目。COD值以氧化1L水样中还原性物质所消耗的氧化剂的量为指标，折算成每升水样全部被氧化后，需要的氧的毫克数，以 mg/L 表示。它反映了水中受还原性物质污染的程度。COD值越高，说明水体污染越严重。除自然的原因外，污水中多数是有机物污染，故 COD 可以作为水中有机物相对含量的指标。我国生活污水排放标准(GB 18918—2002)中规定：生活污水一级 A 标准的化学需氧量排放标准为 50 mg/L。

一般测量化学需氧量所用的氧化剂为高锰酸钾或重铬酸钾，使用不同的氧化剂得出的数值也不同，因此需要注明检测方法。根据所加强氧化剂的不同，分别称为重铬酸钾耗氧量(习惯上称为化学需氧量，chemical oxygen demand，简称 COD)和高锰酸钾耗氧量(习惯上称为耗氧量，oxygen consumption，简称 OC，也称为高锰酸盐指数)。

重铬酸钾法是指在强酸性条件下，向水样中加入过量的 $K_2Cr_2O_7$，使其与水样中的还原性物质充分反应，剩余的 $K_2Cr_2O_7$ 以邻菲罗琳为指示剂，用硫酸亚铁铵标准溶液返滴定。根据消耗的 $K_2Cr_2O_7$ 溶液的体积和浓度，计算水样的耗氧量。如有氯离子干扰，可在回流前加硫酸银除去。该法适用于工业污水及生活污水等含有较多复杂污染物的水样的测定。其滴定反应为

$$Cr_2O_7^{2-} + C + H^+ \longrightarrow Cr^{3+} + CO_2 \uparrow + H_2O$$
$$Cr_2O_7^{2-} + 6Fe^{2+} + 14H^+ \longrightarrow 2Cr^{3+} + 6Fe^{3+} + 7H_2O$$

水样耗氧量的计算式为

$$\text{COD}_{Cr} = \frac{c(Fe^{2+})(V_0 - V_1) \times \frac{1}{4} \times M(O_2) \times 1000}{V_{水样}}$$

式中,V_0、V_1 分别为空白和水样消耗硫酸亚铁铵标准溶液的体积。

酸性高锰酸钾法测定水样的化学耗氧量是指在酸性条件下,向水中加入过量的 $KMnO_4$ 溶液,加热煮沸,使溶液中需氧污染物完全被高锰酸钾氧化。然后再向溶液中加入过量的 $Na_2C_2O_4$ 标准溶液还原多余的 $KMnO_4$,剩余的 $Na_2C_2O_4$ 再用 $KMnO_4$ 溶液返滴定至溶液呈微红色且 30 s 不褪色,即为终点。根据 $KMnO_4$ 标准溶液的浓度和水样消耗的 $KMnO_4$ 溶液体积,计算出水样的 COD。有关反应方程式为

$$2MnO_4^- + 5C_2O_4^{2-} + 16H^+ \longrightarrow 2Mn^{2+} + 10CO_2 \uparrow + 8H_2O$$

因为加热的温度和时间,反应的酸度,$KMnO_4$ 溶液的浓度,试剂加入的顺序对测定的准确度均有影响,所以必须严格控制反应条件。此法适用于污染不十分严重的地面水和河水等的化学耗氧量的测定。若水样中 Cl^- 含量较高(大于 300mg/L)时,将影响测定。可以将水样稀释以降低 Cl^- 浓度,也可加入 $AgNO_3$ 消除干扰,也可以改用碱性高锰酸钾法进行测定。

水样耗氧量的计算式为

$$\text{COD} = \frac{\{c(MnO_4^-)[V_1(MnO_4^-) + V_2(MnO_4^-) - V_3(MnO_4^-)] - \frac{2}{5}[c(C_2O_4^{2-}) \cdot V(C_2O_4^{2-})]\} \times \frac{5}{4} \times M(O_2) \times 1\,000}{V_{水样}}$$

式中,V_1、V_2 分别为第 1 次和第 2 次加入 $KMnO_4$ 的体积;V_3 是空白值。

三、实验用品

1. $KMnO_4$ 法

1)试剂

$KMnO_4$ 标准溶液(0.002 mol/L):移取 25.00 mL 0.02 mol/L 的 $KMnO_4$ 标准溶液于 250 mL 容量瓶中,加水稀释至刻度,摇匀即可。

$Na_2C_2O_4$ 标准溶液(0.005 mol/L):准确称取 0.16~0.18 g 在 105 ℃下烘干 2 h 并冷却的 $Na_2C_2O_4$ 基准物质,置于小烧杯中,用适量水溶解后,定量转移至 250 mL 容量瓶中,加水稀释至刻度,摇匀。

$AgNO_3$(w 为 0.10),H_2SO_4 溶液(1:2)。

2)仪器

250 mL 容量瓶,烧杯,酸式滴定管,水浴,试剂瓶,移液管,锥形瓶,量筒,洗耳球。

2. $K_2Cr_2O_7$ 法

1)试剂

$K_2Cr_2O_7$ 溶液(0.040 mol/L):准确称取 2.9 g 在 150~180 ℃下烘干过的 $K_2Cr_2O_7$ 基准试剂于小烧杯中,加少量水溶解后,定量转入 250 mL 容量瓶中,加水稀释至刻度,摇匀。

邻菲罗啉指示剂:称取 1.485 g 邻菲罗啉和 0.695 g $FeSO_4 \cdot 7H_2O$,溶于 100 mL 水中,摇匀,储存于棕色瓶中。

硫酸亚铁铵(0.1 mol/L):用小烧杯称取 9.8 g 六水硫酸亚铁铵,加入 10 mL 6 mol/L的 H_2SO_4 溶液和少量水,溶解后加水稀释至 250 mL,储存于试剂瓶中,待标定。

$Ag_2SO_4(s)$。

2)仪器

酸式滴定管,移液管,锥形瓶,回流锥形瓶,冷凝管。

四、实验步骤

1. 水样中 COD 的测定(酸性 $KMnO_4$ 法)

于 250 mL 锥形瓶中加入 100.00 mL 水样和 5 mL 6 mol/L 的 H_2SO_4 溶液,加入 w 为 0.10 的 $AgNO_3$ 溶液 5 mL 以除去水样中的 Cl^-。准确加入 10.00 mL 0.002 mol/L 的 $KMnO_4$ 标准溶液(V_1),将锥形瓶置于沸水浴中加热 30 min,使需氧污染物与高锰酸钾完全反应。取下锥形瓶,冷却后准确加入 10.00 mL 0.005 mol/L 的 $Na_2C_2O_4$ 标准溶液,充分摇匀(此时溶液应为无色,否则应增加溶液 $Na_2C_2O_4$ 的用量)。在 70~80 ℃水浴中,趁热用 $KMnO_4$ 标准溶液滴定至溶液呈微红色即为终点。记下 $KMnO_4$ 标准溶液的体积 V_2,平行测定 3 次。另取 100.00 mL 蒸馏水代替水样进行试验,求空白值,计算水样的化学耗氧量(mg/L)。

2. 水样中 COD 的测定($K_2Cr_2O_7$ 法)

1)硫酸亚铁铵溶液的标定

准确移取 10.00 mL 0.040 mol/L 的 $K_2Cr_2O_7$ 溶液 3 份,分别置于 250 mL 锥形瓶中,加入 50 mL 水、20 mL 浓 H_2SO_4(应注意慢慢加入,并随时摇匀),再滴加 3 滴邻菲罗啉指示剂,然后用硫酸亚铁铵溶液滴定,溶液由黄色变为红褐色时即为终点。平行测定 3 次,计算硫酸亚铁铵的浓度。

(2)COD 的测定

取 50.00 mL 水样于 250 mL 回流锥形瓶中,准确加入 15.0 mL 0.040 mol/L 的 $K_2Cr_2O_7$ 标准溶液、20 mL 的浓 H_2SO_4、1 g 的 Ag_2SO_4 固体和数粒玻璃珠,轻轻

摇匀后,加热回流 2 h(溶液沸腾时开始计时)。若水样中含氯含量较高,则先往水样中加入 1 g 的 $HgSO_4$ 和 5 mL 的浓 H_2SO_4,待 $HgSO_4$ 溶解后,再加入 25.00 mL 的 $K_2Cr_2O_7$ 溶液、20 mL 的浓 H_2SO_4 和 1 g 的 Ag_2SO_4,加热回流。冷却后用适量蒸馏水冲洗冷凝管,取下锥形瓶,用水稀释至约 150 mL,加 3 滴邻菲罗啉指示剂,然后用硫酸亚铁铵溶液滴定,溶液由黄色变为红褐色即为终点。平行测定 3 次,以 50.00 mL 蒸馏水代替水样进行上述实验,测定空白值,计算水中 COD(mg/L)。

思考题

1. 水样 COD 的测定有何意义?

2. 水样中加入 $KMnO_4$ 溶液煮沸后,若紫红色褪去,说明什么?应怎样处理?

3. 怎样避免水样中氯离子的对测定的干扰?

4. 用重铬酸钾法测定时,若在加热回流后变绿,是什么原因?应如何处理?

实验九　碘和硫代硫酸钠溶液的配制与标定

一、实验目的

1.掌握 $Na_2S_2O_3$ 及 I_2 溶液的配制方法；

2.掌握标定 $Na_2S_2O_3$ 及 I_2 溶液浓度的原理和方法。

二、实验原理

碘量法的基本反应式是：

$$2S_2O_3^{2-} + I_2 \rlap{=}{=} S_4O_6^{2-} + 2I^-$$

将配好的 I_2 和 $Na_2S_2O_3$ 溶液经比较滴定,求出两者体积比,然后标定其中一种溶液的浓度,算出另一溶液的浓度。通常 $Na_2S_2O_3$ 标定溶液比较方便。所用的氧化剂有：$KBrO_3$、KIO_3、$K_2Cr_2O_7$、$KMnO_4$ 等。而以 $K_2Cr_2O_7$ 最为方便,结果也相当准确,因此本实验也用它来标定 $Na_2S_2O_3$ 的溶液的浓度。

准确称取一定量 $K_2Cr_2O_7$ 基准试剂,配成溶液,加入过量的 KI,在酸性溶液中会定量地发生下列反应：

$$6I^- + Cr_2O_7^{2-} + 14H^+ \longrightarrow 2Cr^{3+} + 3I_2 + 7H_2O \qquad (1)$$

生成的游离 I_2,立即用 $Na_2S_2O_3$ 溶液滴定,反应如下：

$$I_2 + 2S_2O_3^{2-} \longrightarrow 2I^- + S_4O_6^{2-} \qquad (2)$$

实际上相当于 $K_2Cr_2O_7$ 氧化了 $Na_2S_2O_3$,可知 $n(K_2Cr_2O_7):n(Na_2S_2O_6^{2-})=1:6$。所以,根据滴定的 $Na_2S_2O_3$ 溶液的体积和所取 $K_2Cr_2O_7$ 的质量,即可算出 $Na_2S_2O_3$ 溶液的准确浓度。

用新配制的淀粉溶液作为指示剂。I_2 与淀粉生成蓝色的加合物,反应很灵敏。

三、实验用品

1.试剂

$K_2Cr_2O_7(s)$,HCl(2 mol/L),$Na_2SO_3 \cdot 5H_2O(s)$,KI(s),$I_2(s)$,0.5％淀粉溶液,$Na_2CO_3(s)$。

2.仪器

台秤,天平,酸式滴定管,碱式滴定管,试剂瓶,碘瓶等。

四、实验步骤

1. 0.05 mol/L 的 I_2 溶液和 0.1 mol/L 的 $Na_2S_2O_3$ 溶液的配制

用台秤称取 $Na_2SO_3 \cdot 5H_2O$ 约 6.2 g,溶于适量刚煮沸并已冷却的水中,加入 Na_2CO_3 约 0.05 g 后,稀释至 250 mL,倒入细口试剂瓶中,放置 1~2 周后标定。

在台秤上称取 I_2(预先磨细过)约 3.2 g,置于 250 mL 烧杯中,加 6 g 的 KI,再加少量水,搅拌,待 I_2 全部溶解后,加水稀释到 250 mL,混合均匀,贮藏在棕色细口瓶中,放置于暗处。

2. I_2 和 $Na_2S_2O_3$ 溶液的比较滴定

将 I_2 和 $Na_2S_2O_3$ 溶液分别装入酸式和碱式滴定管中,放出 25 mL(准确到小数点后几位?)I_2 标准溶液于锥形瓶中,加 50 mL 水,用 $Na_2S_2O_3$ 标准溶液滴定至浅黄色后,加入 2 mL 淀粉指示剂,再用 $Na_2S_2O_3$ 溶液继续滴定至溶液的蓝色恰好消失,即为终点。

平行测定 3 次,计算出两溶液的体积比。

3. $Na_2S_2O_3$ 溶液的标定

精确称取 0.15 g 左右预先干燥过的 $K_2Cr_2O_7$ 基准试剂 3 份,分别置于 3 个 250 mL 锥形瓶中(最好用带有磨口塞的锥形瓶或碘瓶),加入 10~20 mL 水使之溶解。加 2 g 的 KI,10 mL 2 mol/L 的 HCl,充分混合溶解后,盖好塞子以防止 I_2 因挥发而损失。在暗处放置 5 min,然后加 50 mL 水稀释,用 $Na_2S_2O_3$ 溶液滴定到溶液呈浅绿黄色时,加 2 mL 淀粉溶液,继续滴入 $Na_2S_2O_3$ 溶液,直至蓝色刚刚消失而 Cr^{3+} 的绿色出现为止。记下 $Na_2S_2O_3$ 溶液的体积,计算 $Na_2S_2O_3$ 溶液的浓度。

再根据比较滴定的数据计算 I_2 的浓度。

思考题

1. 配制 I_2 溶液为何要加入 KI?

2. 为何 $Na_2S_2O_3$ 不能直接用于配制标准溶液?配制后为何要放置数日后,才能进行标定?为什么要用刚煮沸放冷的蒸馏水配制?为什么要在配制的 $Na_2S_2O_3$ 溶液中加入少量的 Na_2CO_3?

3. 标定 $Na_2S_2O_3$ 溶液时,加入的 KI 溶液量要很精确吗?为什么?

4. 用 $Na_2S_2O_3$ 溶液滴定 I_2 溶液和用 I_2 溶液滴定 $Na_2S_2O_3$ 溶液时都是用淀粉指示剂,为什么要在不同时候加入?终点颜色变化有何不同?

实验十　硫酸铜中铜含量的测定

一、实验目的

1. 掌握间接碘量法测定铜的原理和方法；
2. 进一步了解氧化还原滴定法的特点。

二、实验原理

在酸性溶液中，Cu^{2+} 与过量 KI 反应生成碘化亚铜沉淀，并析出与铜量相当的碘。

$$2Cu^{2+} + 4I^- \longrightarrow 2CuI \downarrow + I_2$$
$$I_2 + I^- \longrightarrow I_3^-$$

再用 $Na_2S_2O_3$ 标准溶液定析出的 I_2，由此可计算出铜含量。

由于碘化亚铜沉淀表面容易吸附 I_3^-，使测定结果偏低，且终点不明显。通常需在终点到达之前加入硫氰化钾，使 CuI 沉淀（$K_{sp}=1.1\times10^{-12}$）转化为溶度积更小的 CuSCN 沉淀（$K_{sp}=4.8\times10^{-15}$）：

$$CuI + SCN^- \longrightarrow CuSCN \downarrow + I^-$$

CuSCN 更容易吸附 SCN^-，从而释放出被吸附的 I_3^-，因此测定反应更趋完全，滴定终点变得明显，减少误差。

溶液的 pH 一般控制在 3～4。酸度过低，容易造成 Cu^{2+} 水解，反应速度减慢，而且反应不完全，使结果偏低；酸度过高，则 I^- 易被空气中的氧氧化成 I_2，使结果偏高。

三、实验用品

1. 试剂

$CuSO_4 \cdot 5H_2O$（样品），1mol/L 的 H_2SO_4，10% 的 KI（水溶液），10% 的 KSCN（水溶液），0.5% 的淀粉溶液，0.1 mol/L 的 $Na_2S_2O_3$ 标准溶液。

2. 仪器

称量瓶，天平，酸式滴定管，锥形瓶等。

四、实验步骤

用洁净的称量瓶在粗天平上称取 $CuSO_4 \cdot 5H_2O$ 样品 1.8 g 左右,然后从称量瓶中准确称取两份,各重 0.7 g 左右,分别置于两只 250 mL 锥形瓶中,各加 5 mL 1 mol/L 的 H_2SO_4,100 mL 10% 的 KI 溶液,立即用 $Na_2S_2O_3$ 标准溶液滴定至呈现浅黄色然后加入 5 mL 0.5% 淀粉溶液,继续滴定至浅蓝色,再加入 10mL 10%KSCN 溶液,混合后溶液又转为深蓝,最后用 $Na_2S_2O_3$ 标准溶液滴定到蓝色刚刚消失为止,此时溶液呈 CuSCN 的米色悬浮液。记下读数 $(V_{Na_2S_2O_3})$ 并计算 $CuSO_4 \cdot 5H_2O$ 样品中 Cu^{2+} 的百分含量。

五、实验结果

将数据填入表 5-1-9,根据下式计算铜含量。

$$w(Cu) = \frac{c(Na_2S_2O_3) \cdot V(Na_2S_2O_3) \cdot M(Cu)}{m_s} \times 100\%$$

表 5-1-9　$CuSO_4$ 中 Cu 含量的测定

编号	I	II	III
$m(CuSO_4)$ /g			
$Na_2S_2O_3$ 初读数/mL			
$Na_2S_2O_3$ 终读数/mL			
$V(Na_2S_2O_3)$/mL			
$w(Cu)$			
$\overline{w}(Cu)$			

思考题

1. 实验反应终了时,$CuSO_4 \cdot 5H_2O$ 中的 Cu^{2+} 成为了什么?

2. 为什么加入 KI 后还要加入 KSCN? 如果在酸化后立即加入 KSCN 溶液,会产生什么影响?

3. I_2 在淀粉溶液中呈什么颜色?I^- 在淀粉溶液中呈什么颜色?

4. 加入 KCNS 溶液混合后,溶液又转为深蓝色,为什么?

5. 已知 $\Phi Cu^{2+}/Cu^+ = 0.159$ V,$\Phi I_2/I^- = 035\ 45$ V 为什么在本实验中 Cu^{2+} 却能将 I^- 氧化为 I_2?

实验十一　维生素 C 含量的测定

一、实验目的

1.掌握直接碘量法测定维生素 C 含量的原理和方法；
2.熟悉并掌握直接碘量法的操作。

二、实验原理

维生素 C 又称抗坏血酸，广泛存在于植物组织和新鲜的水果、蔬菜中。

维生素 C 在医学和化学上应用非常广泛，在分析化学中常用作还原剂。维生素 C 的分子式为 $C_6H_8O_6$，摩尔质量 $M=176.12g/mol$ 分子中含有二烯醇基结构，具有强还原性，在稀酸溶液中，能被 I_2 定量地氧化成二酮基，化学反应式如下：

$$
\begin{array}{c}
\quad\quad\quad\quad\quad H\ OH \\
O\quad\quad\quad\quad | \ | \\
C-C=C-C-C-CH + I_2 \rightleftharpoons \\
|\ \ |\ \ |\ \ |\ \ |\ \ | \\
O\ OH\ OH\ H\ OH\ H
\end{array}
\quad
\begin{array}{c}
\quad\quad\quad\quad\quad H\ OH \\
O\quad\quad\quad\quad | \ | \\
C-C-C-C-C-CH + 2HI \\
|\ \ |\ \ |\ \ |\ \ |\ \ | \\
O\ O\ O\ H\ OH\ H
\end{array}
$$

半反应式为

$$C_6H_8O_6 \longrightarrow C_6H_6O_6 + 2H^+ + 2e^- \qquad E \approx +0.18V$$

维生素 C 是所有维生素中最不稳定的，在空气中极易被氧化，特别是在碱性溶液中更甚，因此在滴定时要加入一些醋酸使溶液保持弱酸性，以减少维生素 C 与其他氧化剂的作用。

维生素 C 与 I_2 的计量关系为 $n(C_6H_8O_6)=n(I_2)$，该反应可以用于测定药片、水果、蔬菜及注射液中的维生素 C 的含量。

三、实验用品

1.试剂

I_2 标准溶液(0.05 mol/L)，HAc(2 mol/L)，0.5%淀粉指示剂，KI(s)，维生素 C 药片，$Na_2S_2O_3$(0.2 mol/L)。

2.仪器

台秤,分析天平,碘瓶(250 mL),酸式滴定管(50 mL),试剂瓶(500 mL),棕色容量瓶(1000 mL),电炉等。

四、实验步骤

1. 0.1mol/L 的 I_2 标准溶液的配制

用台秤称取碘约 12.8 g、碘化钾 30 g,同置于洁净的白瓷研钵内,加入少量水研和(碘难溶于稀的碘化钾溶液中,因此不应过早地把溶液冲淡!)至碘完全溶解;或者先将碘化钾溶解于少量水中,然后在不断搅拌下加入碘,使其完全溶解后,移入 1000 mL 棕色容量瓶中,稀释至刻度,摇匀,保存在阴凉处,静置 12 h,待标定。

2. 0.1 mol/L 的 I_2 标准溶液的标定

准确移取标定好的硫代硫酸钠标准溶液 25.00 mL 于碘瓶中,加入 50 mL 水,再加入 2 mL 淀粉指示剂,用棕色滴定管盛装待标定的碘溶液,滴定至溶液呈稳定的蓝色为终点。平行测定 3 次,计算 I_2 标准溶液浓度。

3.药片中维生素 C 含量的测定

准确称取 1 粒维生素 C 药片的质量,然后将药片放入 100 mL 小烧杯中,立即加入 10 mL 2 mol/L 的 HAc,用干净的玻璃棒搅拌至全部溶解后,加入 30 mL 新煮沸且放冷的蒸馏水,全部定量转入 250 mL 碘瓶中,控制总体积 100 mL 左右,加入 2 mL 0.5%淀粉溶液,立即用 I_2 标准溶液滴定至呈现稳定的蓝色。平行测定 3 次,计算药片中维生素 C 的含量的平均值。

五、实验结果

试样中维生素 C 的质量分数计算公式为

$$w(C_6H_8O_6) = \frac{c(I_2)V(I_2)M(C_6H_8O_6)}{m_s} \times 100\%$$

思考题

1.为什么维生素 C 的含量可以用直接碘量法测定?

2.测定维生素 C 的含量时,为什么要在 HAc 介质中进行?

3.溶解样品时为什么用新煮沸且放冷的蒸馏水?

4.维生素 C 本身就是一个酸,为什么测定时还要加酸?

实验十二　邻二氮菲分光光度法测定微量铁

一、实验目的

1.了解分光光度法测定物质含量的一般条件及其选定方法；
2.掌握邻二氮杂菲分光光度法测定铁的方法；
3.了解 722 型分光光度计的构造和使用方法。

二、实验原理

1.光度法测定的条件：分光光度法测定物质含量时应注意的条件主要是显色反应的条件和测量吸光度的条件。显色反应的条件有显色剂用量、介质的酸度、显色时溶液的温度、显色时间及干扰物质的消除方法等；测量吸光度的条件包括应选择的入射光波长、吸光度范围和参比溶液等。

2.邻二氮杂菲-亚铁配合物：邻二氮杂菲是测定微量铁的一种较好试剂。在 pH=2~9 的条件下 Fe^{2+} 与邻二氮杂菲生成极稳定的橘红色配合物，反应式如下：

$$Fe^{2+} + 3 \quad \left[\left(\quad \right)_3 Fe \right]^{2+}$$

此配合物的 $lgK_稳 = 21.3$，摩尔吸光系数 $\varepsilon_{510} = 1.1 \times 10^4$。

在显色前，首先用盐酸羟胺把 Fe^{3+} 还原为 Fe^{2+}，其反应式如下：

$$2Fe^{3+} + 2NH_2OH \cdot HCl \longrightarrow 2Fe^{2+} + N_2 + 2H_2O + 4H^+ + 2Cl^-$$

测定时，控制溶液酸度在 pH=5 左右较为适宜。酸度高时，反应进行较慢；酸度太低，则 Fe^{2+} 水解，影响显色。

Bi^{3+}、Cd^{2+}、Hg^{2+}、Ag^+、Zn^{2+} 等离子与显色剂生成沉淀，Ca^{2+}、Cu^{2+}、Ni^{2+} 等离子与显色剂形成有色配合物。因此当这些离子共存时，应注意它们的干扰作用。

用分光光度法测定物质的含量，一般采用标准曲线法。即配制一系列浓度的标准溶液，在实验条件下依次测量各标准溶液的吸光度（A），以溶液浓度为横坐标，相应吸光度为纵坐标绘制标准曲线。在同样实验条件下，测定待测液的吸光度，从标准曲线上查出相应的浓度值，即可计算出试样中被测物质的含量。

分光光度分析中,显色反应的条件,如溶液酸度、显色剂用量、配合物的稳定性等都应通过实验来确定。

三、实验用品

1. 试剂

100 μg/mL 的铁标准溶液:准确称取 0.864 g 分析纯 $NH_4Fe(SO_4)_2 \cdot 12H_2O$,置于一烧杯中,用 10 mL 2 mol/L 的 HCl 溶液溶解后移入 1000 mL 容量瓶中,以水稀释至刻度,摇匀即可。

10 μg/mL 的铁标准溶液:由 100 μg/mL 的铁标准溶液准确稀释至 1/10 而成。

盐酸羟胺固体及其 10% 的溶液(因其不稳定,需使用时临时配制)。

0.1% 的邻二氮杂菲溶液(需新鲜配制),1 mol/L 的 NaAc 溶液,0.4 mol/L 的 NaOH 溶液。

2. 仪器

722 型分光光度计,恒温水浴锅,移液管,容量瓶,洗耳球等。

四、实验步骤

1. 条件试验

(1)吸收曲线的测绘:准确移取 10 μg/mL 铁标准溶液 5 mL 于 50 mL 容量瓶中,加入 10%盐酸羟胺溶液 1 mL,摇匀,冷却片刻,加入 1 mol/L 的 NaAc 溶液 5 mL 和 0.1%邻二氮杂菲溶液 3 mL,以水稀释至刻度,在 722 型分光光度计上,以水为参比溶液,用不同的波长从 570 nm 开始到 430 nm 为止,用 2 cm 比色皿,每隔 10 nm 或 20 nm 测定一次吸光度(其中从 500~510 nm,每隔 2 nm 测一次)。然后以波长为横坐标,吸光度为纵坐标绘制出吸收曲线,从吸收曲线上确定该测定的适宜波长。

(2)邻二氮杂菲-亚铁配合物的稳定性:用上面溶液在最大吸收波长(510 nm)处,每隔一定时间测定其吸光度,然后以时间(t)为横坐标,吸光度 A 为纵坐标绘制 A-t 曲线,此曲线表示了该配合物的稳定性。

(3)显色剂浓度试验:取 7 个编号的 50 mL 容量瓶(或比色管),用 5 mL 移液管准确移取 10 μg/mL 铁标准溶液 5 mL 于容量瓶中,加入 1 mL 10%盐酸羟胺溶液,经 2 min 后,再加入 5 mL 1 mol/L 的 NaAc 溶液,然后分别加入 0.1%邻二氮杂菲溶液 0.3、0.6、1.0、1.5、2.0、3.0 和 4.0 mL,用水稀释至刻度,摇匀。在分光光度计上,以蒸馏水为参比溶液,用 2 cm 比色皿,在适宜波长(例如 510 nm)测定上述各溶液的吸光度。然后以加入的邻二氮杂菲试剂的体积为横坐标,吸光度为纵坐标,绘制曲线。从中找出显色剂的最适宜的加入量。

(4)溶液酸度对配合物的影响:准确移取 100 μg/mL 铁标准溶 5 mL 于 100 mL 容量瓶中,加入 5 mL 2 mol/L 的 HCl 溶液和 10 mL 10% 的盐酸羟胺溶液,经 2 min 后加入 0.1% 的邻二氮杂菲溶液 3 mL,以水稀释至刻度,摇匀,备用。取 7 只编号的 50 mL 容量瓶,用移液管分别准确移取上述溶液 10 mL 于各容量瓶中。在滴定管中装入 0.4 mol/L 的 NaOH 溶液,然后依次在容量瓶中加入该 NaOH 溶液 0.0、2.0、3.0、4.0、6.0、8.0 及 10.0 mL[①],以水稀释至刻度,摇匀,使各溶液的 pH 从 ≤2 开始逐步增加至 12 以上。测定各容量瓶中溶液的 pH,先用 pH 试纸粗略确定其 pH,然后进一步用精密 pH 试纸确定其较准确的 pH。以蒸馏水为空白溶液,用 2 cm 比色皿,在分光光度计上用适宜波长(本为 510 nm)测定各溶液的吸光度 A。最后以 pH 值为横坐标,吸光度为纵坐标,绘制 A-pH 曲线。从曲线上找出适宜的 pH 范围。

根据上面条件试验的结果,给出邻二氮杂菲分光光度法测定铁的适宜条件及具体测定步骤。

2.铁含量的测定

(1)标准曲线的绘制:取 50mL 容量瓶 6 只,分别移取(务必准确量取,为什么?)10 μg/mL 铁标准溶液 2.0、4.0、6.0、8.0 和 10.0 mL 于 5 只容量瓶中,另一容量瓶中不加铁标准溶液(空白溶液作参比)。然后各加 1 mL 10% 盐酸羟胺,摇匀,经 2 min 后,再各加 5 mL 1 mol/L 的 NaAc 溶液及 3 mL 0.1% 邻二氮杂菲,以水稀释至刻度,摇匀。在分光光度计上,用 1 cm 比色皿,在最大吸收波长(510 nm)处,测定各溶液的吸光度。测定时,注意让吸光度的数据落在合适的范围中。

(2)未知液中铁含量的测定:吸取 10.00 mL 未知液代替标准溶液,其他步骤均同上,测定并记录吸光度数据。

将配制的系列标准溶液所测定的数据,用计算机处理有关数据,以铁的浓度为横坐标,相应吸光度为纵坐标,绘制标准曲线。根据标准曲线回归方程计算测试液浓度,计算原始未知液中铁的含量(以 mg/mL 计)。

---

①如果技本操作步骤准确加入铁标准溶液及盐酸,则此处加入的 0.4 mol/L 的 NaOH 的量能使溶液的 pH 达到要求;否则会略有出入,因此实验时,最好先加几毫升 NaOH(例如 3 mL、6 mL)以 pH 试纸确定该溶液的 pH 值。然后据此再确定其他几只容量瓶应加 NaOH 溶液的量。

五、实验结果

1. 记录：　　　　比色皿＿＿＿＿＿＿＿　　　　光源电压＿＿＿＿＿＿＿
2. 绘制曲线：(1)吸收曲线；(2)$A\text{-}t$ 曲线；(3)$A\text{-}c$ 曲线；(4)标准曲线。

1) 吸收曲线的绘制(表 5－1－10)

表 5－1－10　吸收曲线的绘制

波长/nm	吸光度 A	波长/nm	吸光度 A
570		500	
550		490	
530		470	
520		450	
510		430	

2) 邻二氮杂菲亚铁配合物的稳定性(表 5－1－11)

表 5－1－11　邻二氮杂菲亚铁配合物的稳定性

放置时间 t/min	吸光度 A
0	
30	
90	
120	

3) 显色剂浓度的试验(表 5－1－12)

表 5－1－12　显色剂浓度的试验

容量瓶(或比色管)号	显色剂量/(mL)	吸光度 A
1	0.3	
2	0.6	
3	1.0	
4	1.5	
5	2.0	
6	3.0	
7	4.0	

4)标准曲线的绘制与铁含量的测定(表 5-1-13)

表 5-1-13 标准曲线的绘制与铁含量测量

试液编号	标准溶液的量/mL	总含铁量/μg	吸光度 A
1#	0	0	
2#	2.0	20	
3#	4.0	40	
4#	6.0	60	
5#	8.0	80	
6#	10.0	100	
未知液(记下号数)			

思考题

1. 吸收曲线与标准曲线有何区别？各有何实际意义？

2. 邻二氮杂菲分光光度法测定铁的适宜条件是什么？

3. Fe^{3+} 标准溶液在显色前加盐酸羟胺的目的是什么？

4. 如用配制已久的盐酸羟胺溶液,对分析结果将带来什么影响？

5. 怎样选择本实验中的参比溶液？

实验十三　吸光光度法测定水和废水中总磷

一、实验目的

1.学习用过硫酸钾消解水样的方法；
2.掌握水和废水中总磷的吸光光度测定法。

二、实验原理

在天然水和废水中,磷几乎都以各种磷酸盐的形式存在,它们分别为正磷酸盐、缩合磷酸盐(焦磷酸盐、偏磷酸盐和多磷酸盐)和有机结合的磷酸盐,它们存在于溶液和悬浮物中。在淡水和海水中的磷平均质量分别为 $0.02\ mg/L$ 和 $0.08\ mg/L$。化肥、冶炼、合成洗涤剂等行业的工业废水及生活污水中常含有较大量的磷。

磷是生物生长必需的元素之一,但水体中磷的质量浓度过高(如超过 $0.2\ mg/L$),可造成藻类的过度繁殖,直至数量上达到有害的程度(称为富营养化),造成湖泊、河流透明度降低,水质变坏。为了保护水质,控制危害,在环境监测中,总磷已列入正式的检测项目。我国生活污水排放标准(GB 1891 8—2002)中规定:生活污水一级 A 标准的总磷排放标准为 $0.5\ mg/L$。

总磷分析方法有两个步骤组成:第一步可用氧化剂过硫酸钾、硝酸-高氯酸或硝酸-硫酸等,将水样中不同形态的磷转化成正磷酸盐;第二步测定正磷酸盐(常用钼锑抗钼蓝光度法、氯化亚锡蓝光度法以及离子色谱法等),从而求得总磷含量。

本实验采用过硫酸钾氧化-钼锑抗钼蓝光度法测定总磷。在微沸(最好在高压釜内经 120℃加热)条件下,过硫酸钾将试样中不同形态的磷氧化为磷酸根。磷酸根在硫酸介质中同钼酸铵生成磷钼杂多酸。反应方程式为

$$PO_4^{3-}+12MoO_4^{2-}+24H^++3NH_4^+ \longrightarrow (NH_4)_3PO_4 \cdot 12MoO_3+12H_2O$$

生成的磷钼杂多酸立即被抗坏血酸还原,生成蓝色的低价钼的氧化物,即钼蓝。生成钼蓝的多少与磷含量成正比关系,以此可测定水样中总磷。

过硫酸钾消解法具有操作简单、结果稳定的优点,适用于绝大多数的地表水、河污染较轻的工业废水,对于严重污染的工业废水和贫氧水,则要采用更强的氧化剂 HNO_3-HClO_4 或 $HNO_3-H_2SO_4$ 等才能消解完全。

钼锑抗钼蓝光度法灵敏度高,采用中等强度还原剂抗坏血酸,可避免还原游离的钼酸铵,因而显色稳定,重现性好。酒石酸锑钾可催化钼蓝反应,在室温下显色

可较快完成。本法检出最低质量浓度为 0.01 mg/L,测定上限质量浓度为 0.6 mg/L。砷的质量浓度大于 2 mg/L 干扰测定,可用硫代硫酸钠去除;硫化物的质量浓度大于 2 mg/L 干扰测定,通氮气可以去除;铬的质量浓度大于 50 mg/L 干扰测定,可用亚硫酸钠去除。

三、实验用品

1. 试剂

抗坏血酸溶液(100 g/L):溶解 10 g 抗坏血酸于水中,并稀释至 100 mL,储存于棕色玻璃瓶中。在冷处可存储几周,如颜色变黄,应弃去重配。

钼酸盐溶液:溶解 13 g 钼酸铵$[(NH_4)_6Mo_7O_{24} \cdot 4H_2O]$于 100 mL 水中,溶解 0.35 g 酒石酸锑钾$(KSbC_4H_4O_7 \cdot 0.5H_2O)$于 100 mL 水中,在不断搅拌下,将钼酸铵溶液缓慢加到 300 mL 硫酸(1:1)中,再加入酒石酸锑钾溶液,混匀。储存于棕色玻璃瓶中,于冷处保存,至少稳定 2 个月。

磷标准储备溶液:称取磷酸二氢钾(KH_2PO_4)0.219 7±0.001 g 于 110 ℃ 干燥 2 h,并在干燥器中放冷,用水稀释至标线并混匀。

磷标准操作溶液:吸取 10.00 mL 磷标准储备溶液于 250 mL 容量瓶中,用水稀释至标线并混匀。1.00 mL 此标准溶液含 2.0 μg 磷。该溶液应在使用当天配制。

过硫酸钾溶液(50 g/L),H_2SO_4(3:7,1:1),H_2SO_4(1 mol/L),NaOH(1 mol/L,6 mol/L),10%酚酞乙醇溶液。

2. 仪器

722 型分光光度计,棕色试剂瓶,移液管,比色管,容量瓶,天平。

四、实验步骤

1. 水样预处理

从水样瓶中吸取适量混匀水样(含磷不超过 30μg)于 150 mL 锥形瓶中,加水至 50 mL,加数粒玻璃珠,加 1 mL H_2SO_4(3:7)溶液和 5 mL 50 g/L 过硫酸钾溶液。加热至沸,保持微沸 30~40 min,蒸发至体积约 10 mL 为止。放冷,加 1 滴酚酞指示剂,边摇边滴加氢氧化钠溶液至微红色,再滴加 1 mol/L 硫酸溶液使红色刚好褪去。如溶液不澄清,则用滤纸过滤于 50 mL 比色管中,用水洗涤锥形瓶和滤纸,洗涤液并入比色管中,加水至标线,供分析用。

2.标准曲线的制作

取 7 支 50 mL 比色管,分别加入磷标准操作溶液 0、0.5、1.00、3.00、5.00、10.00、15.00 mL,加水至 50 mL。向比色管中加入 1 mL 抗坏血酸溶液,混匀。30 s 后加 2 mL 钼酸盐溶液,充分混匀,放置 15 min。使用 3cm 的比色皿,于 700 nm 波长处,以试剂空白溶液为参比,测量吸光度,绘制标准曲线。

3.试样测定

将消解后并稀释至标线的水样,按标准曲线制作步骤进行显色和测量。从标准曲线上查出含磷量,计算水样中总磷的质量浓度(以 mg/L 表示)。

思考题

1.测量吸光度时,以零浓度溶液为参比,与以溶剂水为参比相比,在扣除试剂空白方面有何不同?

2.如果只需测定水样中可溶性正磷酸盐或可溶性总磷酸盐,应如何进行?

实验十四　食盐中碘含量的测定——分光光度法

一、实验目的

1.了解分光光度法的基本原理和分光光度计的操作使用；
2.掌握分光光度法测定食盐中的碘含量的方法。

二、实验原理

碘为极为重要的微量元素。缺乏碘会引起碘缺乏病，而碘摄入过高也会引起甲亢等甲状腺疾病。为了防止过高或过低摄入碘，对碘食品中碘含量需要进行准确的检测。

在酸性环境中，于碘酸钾溶液中加入碘化钾后析出游离碘，溶于苯中显粉红色，在 550nm 波长下测量试液的吸光度，该吸光度值与食盐中碘的含量成正比，据此可以进行碘的定量测定。

三、实验用品

1.试剂

100 g/L 的碘化钾标准储备液：称取 50.0 g 碘化钾，用水溶解并稀释至 500 mL，贮于棕色瓶中，用时新配。

5.0 $\mu g/mL$ 的碘酸钾标准工作液：称取 0.421 5 g 于 110±2 ℃烘干至恒重的碘酸钾，加水溶解，转入 1000 mL 容量瓶中，稀释至刻度，摇匀。然后再用水准确稀释 50 倍，此液每毫升含碘酸钾 8.45 μg，每毫升含碘离子 5.0 μg。

1 mol/L 硫酸，苯。

2.仪器

紫外可见分光光度计，移液管，量筒，棕色试剂瓶，容量瓶。

四、实验步骤

1.标准曲线的绘制

吸取碘酸钾标准工作液 0、1.0、3.0、5.0、7.0 和 10.0 mL（相当含 0、5.0、

15.0、25.0、35.0 和 50.0 μg 碘离子）于 50 mL 比色管中，加水调整体积为 10 mL，然后加入 1 mol/L 硫酸 1 mL、100 g/L 碘化钾溶液 5 mL，盖上瓶盖，摇匀，置于暗处 5 min。然后用 10 mL 苯分次萃取，收集上层萃取液。用 1 cm 比色皿，以试剂空白调节零点，于波长 500 nm 处测定吸光度，绘制标准曲线。

2. 试液的制备与测量

称取 10.0 g 均匀加碘食用盐，加 100 mL 水溶解，吸取 10.0 mL 溶液于 50 mL 比色管中，以后操作同"标准曲线的绘制"，在波长 500 nm 处测定吸光度值。

五、实验结果

试样中碘的含量按下式进行计算。式中：w 为试样的碘含量，mg/kg；c 为由标准曲线上查得的食盐试液中的碘质量，μg；m_s 为试样的质量，g；V_2 为测定用试样稀释液的体积，mL；V_1 为试样稀释后的总体积，mL。

$$w = \frac{c}{\dfrac{m_s V_2}{V_1}}$$

思考题

测定食盐中的碘含量在日常生活中具有什么意义？如何测定？

实验十五　紫外可见分光光度法测定人发中的微量铝

一、实验目的

1. 掌握紫外可见分光光度法的原理及测定技术；
2. 学会紫外可见分光光计的使用。

二、实验原理

常食用含铝的油炸物,常用铝制罐装饮料等,均可造成人体中铝的富集。铝摄入量过多会造成体内缺磷和钙、铜的一系列病变。如会使人的骨质变脆,易发生骨折;还会造成痴呆等神经及精神紊乱和其他脑病变;会引起高血铝症,出现贫血、眼眶骨膜出血、厌食、嗜睡等疾病。因此人体中铝的检测是必要的。人体中铝的含量能反映人体含铝的水平,可以作为相关疾病诊断治疗时的参考。

将铬天青 S 与阳离子表面活性剂——溴化十六烷基三甲铵的乙醇溶液 1∶1 混合后可与铝生成蓝色的三元配合物。该显色反应的灵敏度高,其机理如下:金属离子(Al^{3+})和酸性染料通常生成配阴离子,此时季铵盐阳离子的正电荷,特别是季铵盐胶束表面的正电极,对带负电荷的酸性染料离子有定向浓集作用,使金属离子的配位染料粒子数目增加,促使生成高配位数的三元配合物,而由于高配位数的三元配合物的形成和季铵盐正电场对染料色素离子的偶极相互作用,则使吸收光谱中的最大吸收发生红移,也增强了高配位配合物的稳定性。在 pH 为 5.2～6.0 的弱酸性介质中,三元配合物的吸光度与铝的含量成正比,因此,可以用光度分析法测定铝。Fe^{3+} 的存在干扰铝的测定,可用抗坏血酸还原消除。在抗坏血酸、邻菲啰啉掩蔽剂存在下,其测定下限可达 0.003 $\mu g/mL$。

三、实验用品

1. 试剂

显色剂:取 0.160 0 g 铬天青 S 溶于 100 mL 水中,摇匀;称取 0.400 0 g 溴化十六烷基三甲铵溶于 100 mL 乙醇中,摇匀,将二者按 1∶1 混合,摇匀,用时现混。

醋酸-醋酸钠缓冲溶液:称取无水乙酸钠 200 g(或结晶醋酸钠 338g)溶于 1000 mL

水中,然后用冰醋酸调至 pH 为 6.0,备用。

1 mg/mL 的 Al 标准储备液:将光谱纯铝丝用新细砂纸磨掉外层氧化膜,然后用乙醇棉擦拭 3 次以上,截成小段,称取 1.000 g 处理过的铝丝,放于 150 mL 烧杯中,加入 50 mL 浓盐酸,盖上表面皿,加热溶解后,用 4% 的盐酸溶解,转入 1000 mL 容量瓶中,摇匀备用。

5 μg/mL 的 Al 标准工作溶液:吸取 5 mL 1 mg/mL 的铝标准储备液,放于 100 mL 容量瓶中,用 4% 的盐酸溶液稀释至刻度,配得 50 μg/mL Al 标准溶液。再吸取此标准溶液 10 mL,放于另一 100 mL 容量瓶中,用 4% 的盐酸溶液稀释至刻度。

2 g/L 的百里酚蓝指示剂:溶于 1∶1 乙醇溶液中配制而成。

无水乙醇、醋酸、醋酸钠、铬天青 S、溴化十六烷基三甲铵、抗坏血酸、邻菲啰啉、百里酚蓝、氢氧化钠、盐酸等(均为分析纯)、铝丝(光谱纯),10 g/L 的抗坏血酸水溶液(用时现配),2 g/L 的邻菲啰啉水溶液,10% 的氢氧化钠溶液,4% 的盐酸溶液。

2. 仪器

紫外可见分光光度计(722 型或同类仪器),比色管(25 mL15 个),吸量管(5.00、10.00、100.00 各 1 支),滴定管(10.00 mL1 支),滴定管(25.00 mL 1 支),胶头吸管(2 支),pH 酸度计(1 台),烧杯(150 mL)、表面皿各 1 个,容量瓶(100 mL 2 个、100 mL 1 个),光滑瓷坩埚(30 mL 2 个)高温炉,烘箱。

四、实验步骤

1. 人发样品的处理

称取 0.2～0.3 g 经洗净并烘干的发样,置于瓷坩埚内,同时做空白样。置于高温炉内,由低温升至 550～600 ℃后,保持 30 min,取出冷却,加入 4% 的盐酸溶液 2 mL,溶液灰渣,用二次蒸馏水转入 25 mL 刻度比色管中,控制体积到 10 mL,摇匀。

2. 系列标准溶液的配制与测量

用刻度移液管分取 Al 标准工作溶液(5 μg/mL)0、0.1、0.2、0.3、0.4、0.5、0.6 和 1.0 mL,分别置于 25 mL 刻度比色管中,均用 4% 的盐酸溶液补至 2 mL,加水定容至 10 mL,摇匀。再滴加 1 滴百里酚蓝指示剂,摇匀,用 4% 的盐酸溶液调至浅红色,再用 10% NaOH 溶液调至黄色出现,然后用 4% 的盐酸溶液调至微红并过量 4 滴,摇匀。向系列标准溶液中分别加入 10 g/L 的抗坏血酸水溶液 0.5 mL,

摇匀,放置 15～20 min。加入 2 g/L 邻菲啰啉溶液 0.5 mL,摇匀;再加入 1.0 mL 醋酸-醋酸钠缓冲溶液。缓慢加入 1.0 mL 显色剂混合液。用二次蒸馏水沿管壁加入(以免产生泡沫)并定容至 25 mL,摇匀,放置 20 min(待显色完全)后,倒入 1 cm比色皿,以试剂空白为参比,用分光光度计于 620.0 nm 波长处,按浓度由低到高的顺序测量系列标准溶液的吸光度 A_i 并记录数据。

3. 试样溶液的测量

试样溶液的测量步骤同系列标准溶液,其吸光度值分别记为 A_x。

五、实验结果

1. 工作曲线的绘制

以系列标准溶液的吸光度 A_i 为纵坐标,以含量 $c(\mu g/mL)$ 为横坐标绘制工作曲线。

2. 试样中 Al 含量的计算

由测得的试样溶液和空白溶液的吸光度 A_x,在工作曲线上查出其相应浓度 c_x,代入下式计算试样中 Al 的含量 $w(Al)(\mu g/g)$:

$$w(Al) = c_x \frac{V}{m_s}$$

式中,V 为测定试液的体积,mL;m_s 为样品质量,g。

思考题

1. 分析中对标样和样品的酸度有何要求?
2. 该分析方法是如何来控制标样和样品的酸度的?
3. 实验中为何要缓慢加入显色剂?

实验十六　氯化钠与碘化钠混合物的电位连续滴定

一、实验目的

1. 了解滴定过程中溶液电位变化与离子浓度变化的关系;
2. 掌握用 $AgNO_3$ 溶液连续滴定混合物中氯化物和碘化物含量的原理和方法。

二、实验原理

由于碘化银和氯化银的溶解度都很小且相差较大(它们在 25℃ 的溶度积常数分别为: $K_{sp,AgI} = 1.5 \times 10^{-16}$ 和 $K_{sp,AgCl} = 1.8 \times 10^{-10}$),因此可用 $AgNO_3$ 溶液分别滴定混合物中的 NaI 和 NaCl。

当 NaI - NaCl 混合液中加入 $AgNO_3$ 溶液时,首先生成溶解度较小的 AgI 沉淀:

$$Ag^+ + I^- = AgI\downarrow(淡黄色)$$

滴定到第一计量点时,溶液中

$$[Ag^+] = [I^-] = \sqrt{K_{sp,AgI}}$$

继续滴定 $AgNO_3$ 溶液,则生成 AgI 沉淀:

$$Ag^+ + Cl^- = AgCl\downarrow(白色)$$

滴定到第二计量点时,溶液中

$$[Ag^+] = [Cl^-] = \sqrt{K_{sp,AgCl}}$$

这类沉淀滴定,可用饱和甘汞电极做参比电极,银电极做指示电极。在滴定过程中,卤素离子浓度逐渐减小,Ag^+ 的浓度不断增大,即 pAg 逐渐减小,在等电点附近发生 pAg 突跃。而银电极的电位 $E_{Ag^+/Ag}$ 与 pAg 相关,因此 pAg 的突跃引起 $E_{Ag^+/Ag}$ 及电动势 E 的突跃,从而指出滴定终点。实验中,相应于两个计量点将出现两个电位突跃。

卤化银沉淀易吸附溶液中的离子(包括银离子和卤素离子)而带来误差。在试液中加入 KNO_3 或 $Ba(NO_3)_2$,由于 AgI 可能吸附浓度较大的 K^+ 或 NO_3^-,从而减小对银离子的吸附作用而减小误差。

三、实验用品

1.试剂

0.050 00 mol/L AgNO$_3$ 标准溶液,6 mol/L HNO$_3$ 溶液,KNO$_3$(s),NaI - KI 试样。

2.仪器

酸度计,双盐桥饱和甘汞电极,银电极,电磁搅拌器及搅拌子,酸式滴定管,烧杯等。

四、实验步骤

准确吸取含有 NaCl - NaI 总量为 0.15～0.2 mmol 的试液 25 mL 于 150 mL 烧杯中,用水稀释至约 100 mL,加入 3 滴 6 mol/L 的 HNO$_3$ 溶液及 KNO$_3$ 固体约 2 g。放入铁心搅拌子,将电极浸入溶液中,并与酸度计连接,开动电磁搅拌器,测定并记录起始电动势 E。用 AgNO$_3$ 溶液滴定,滴定至超过第二计量点毫升数为止。

以 AgNO$_3$ 溶液体积为横坐标,相应的 E 值为纵坐标,绘出滴定曲线。由曲线及二级微商法确定等当点,计算出 NaCl 和 NaI 的含量。

思考题

1.玻璃电极是氢离子浓度指示电极,为什么在这里可以用作参比电极? 银离子电极、碘离子电极、氯离子电极及银电极为什么都可以用作参比电极? 它们的电极电位与被测离子的浓度有什么关系?

2.实验中为什么要用双盐桥饱和甘汞电极做参比电极? 如果用 KCl 盐桥的饱和甘汞电极,对测定结果有何影响?

3.试液在滴定前为什么需要用硝酸酸化? 为什么要加入 Ba(NO$_3$)$_2$ 或 KNO$_3$?

4.根据电位滴定的结果,能否计算 AgCl 和 AgI 的溶度积常数? 如何计算?

实验十七　电位滴定法测定啤酒总酸

一、实验目的

1. 了解电位滴定法的原理及特点；
2. 掌握电位滴定法测定啤酒总酸的方法。

二、实验原理

啤酒是人类最古老的酒精饮料之一，是水和茶之后世界上消耗量排名第三的饮料。啤酒以大麦芽、酒花、水为主要原料，经酵母发酵作用酿制而成的饱含二氧化碳的低酒精度酒。啤酒中含有各种酸类 200 种以上。啤酒的总酸度是指啤酒中所有酸性成分的总量，用每 100 mL 酒样所消耗 NaOH 的物质的量（mmol）来表示。

啤酒中含适量的可滴定总酸，能赋予啤酒以柔和清爽的口感；但总量过高或闻起来有明显的酸味也是不行的，它是啤酒可能发生了酸败的一个明显信号。国标规定啤酒总酸度应小于 2.6 mmol/100 mL 酒样，在实际生产中则控制在小于 2.0 mmol/100 mL 酒样。

本实验利用酸碱中和反应原理，以 NaOH 标准溶液直接滴定啤酒样品中的总酸。但是，由于啤酒是含磷酸盐的弱酸性溶液，有较强的缓冲能力，因此在化学计量点处没有明显的突跃（图 5-1-1），用指示剂指示终点看不到明显的颜色变化。可以用 pH 计在滴定过程中随时测定溶液的 pH 为 9 时即为滴定终点。使用这种方法指示终点，即使啤酒颜色较深也不妨碍滴定。

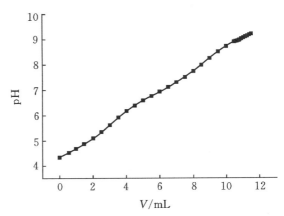

图 5-1-1　NaOH 滴定啤酒总酸的滴定曲线

$$啤酒总酸度（mmol）= 2 \cdot c_{NaOH} \cdot V_{NaOH}$$

三、实验用品

1.试剂

啤酒样品，0.1mol/L 的 NaOH 标准溶液。

2.仪器

酸度计、pH 复合电极、碱式滴定管、磁力搅拌器及搅拌子等。

四、实验步骤

1.样品的预处理

用倾注法将啤酒来回脱气 50 次，准确移取 50.00 mL 啤酒样品于 100 mL 烧杯中，置于 40 ℃水浴中保温 30 min，持续振摇以除去残余的二氧化碳。然后，将溶液冷却至室温备用。

2.啤酒总酸的测定

在烧杯中放入搅拌子，以适当的速度进行搅拌。用 NaOH 标准溶液进行滴定，每加 1.0 mL 的 NaOH 记录一次 pH，到 pH=8.5 时，每加 0.1mL 记录一次数据，用 NaOH 标准溶液滴定至 pH=9.0 时，记录下所用 NaOH 的体积 V(mL)，继续滴至 pH=9.5 为止。根据所得数据绘出 NaOH 滴定啤酒总酸的滴定曲线。计算啤酒总酸度并判定啤酒总酸是否合格。

思考题

1.本实验为什么不能用指示剂法指示终点？
2.本实验的误差有哪些来源？

第二部分　综合和设计实验

实验一　食用醋中 HAc 含量的测定

一、实验目的

1. 学习食用醋中总酸度的测定方法;
2. 了解强碱滴定弱酸的过程中 pH 的变化以及指示剂的选择。

二、实验原理

食用醋的主要成分是醋酸(HAc),此外还含有少量其它弱酸,如乳酸等。醋酸为有机弱酸($K_a=1.8\times10^{-5}$),可用 NaOH 滴定,其反应方程式为

$$HAc+NaOH\longrightarrow NaAc+H_2O$$

反应产物为弱酸强碱盐,滴定化学计量点的 pH 约为 8.7。滴定突跃在碱性范围内,故可选用酚酞等碱性范围内变色的指示剂。

滴定时,不仅 HAc 与 NaOH 反应,食用醋中可能存在其他各种形式的酸也与 NaOH 反应,故滴定所得为总酸度,以 $\rho(HAc)(g/L)$ 表示。

食用醋中醋酸的质量分数较大,在 3%～5%,可适当稀释后再滴定。如果样品颜色较深时,可用中性活性炭脱色后滴定。

三、实验用品

1. 试剂

NaOH 溶液(0.1 mol/L):用烧杯在粗天平上称取 4 g 固体 NaOH,加入新鲜的或煮沸除去 CO_2 的蒸馏水,溶解完全后,转入带橡皮塞的试剂瓶中,稀释至 1 L,充分摇匀。

邻苯二甲酸氢钾($KHC_8H_4O_4$)基准物质:在 100～125 ℃ 干燥 1 h 后,置于干燥器中备用。

酚酞指示剂,食用醋。

2. 仪器

称量纸,天平,酸式滴定管,锥形瓶,移液管等。

四、实验步骤

1. 0.1 mol/L 的 NaOH 标准溶液浓度的标定

以差减法准确称取 3 份 $KHC_8H_4O_4$,每份 0.4～0.6 g,分别倒入 250 mL 锥形瓶中,加入 40～50 mL 蒸馏水,待试剂完全溶解后,加入 1～2 滴酚酞指示剂,用待标定的 NaOH 溶液滴定至呈微红色并保持 30 s 不褪色,即为终点,计算 NaOH 溶液的浓度和测定结果的相对平均偏差。

2. 食用醋含量的测定

准确移取食用醋 10.00 mL 置于 100 mL 容量瓶中,用新煮沸并冷却的蒸馏水稀释至刻度,摇匀。用 25 mL 移液管取 3 份上述溶液,分别置于 3 个锥形瓶中,加入 25 mL 蒸馏水,滴加 1～2 滴酚酞指示剂,然后用 NaOH 标准溶液滴定至微红色,在 30 s 内不褪色即为终点。根据所消耗 NaOH 标准溶液的体积,计算食用醋的总酸量(以醋酸计)

五、实验结果

食醋的质量浓度计算式为

$$\rho(HAc) = \frac{c(NaOH)V(NaOH) \cdot M(HAc)}{V(HAc)} \times 稀释倍数$$

思考题

1. 测定食用醋含量时,为什么蒸馏水中不能含有 CO_2？ 若含有 CO_2,结果会怎样？

2. 测定食用醋含量时,为什么选用酚酞为指示剂？ 能否选用甲基橙或甲基红为指示剂？

实验二　蛋壳中 Ca、Mg 含量的测定

方法 Ⅰ　配位滴定法测定蛋壳中 Ca、Mg 总量

一、实验目的

1. 进一步巩固掌握配位滴定法；
2. 学习使用配位掩蔽排除干扰离子影响的方法；
3. 练习对实物试样中某组分含量测定的一般步骤。

二、实验原理

鸡蛋壳的主要成分为 $CaCO_3$，其次为 $MgCO_3$、蛋白质、色素以及少量的 Fe、Al。在 pH＝10 的条件下，用铬黑 T 作指示剂，EDTA 可直接滴定以测 Ca^{2+}、Mg^{2+} 的总量。为提高配位滴定的选择性，在 pH＝10 时，加入掩蔽剂三乙醇胺使之与 Fe^{3+}、Al^{3+} 等离子生成更稳定的配合物，以排除它们对 Ca^{2+}、Mg^{2+} 测量的干扰。

三、实验用品

1. 试剂

HCl(6 mol/L)，铬黑 T 指示剂，95％乙醇，三乙醇胺水溶液（1∶2），NH_4Cl－$NH_3 \cdot H_2O$ 缓冲溶液（pH＝10），EDTA(0.02 mol/L)。

2. 仪器

锥形瓶，滴定管，移液管，容量瓶，分析天平，电子台秤，干燥器，干燥箱等。

四、实验步骤

1. 蛋壳的预处理

先将蛋壳洗净，加水煮沸 5～10 min，去除蛋壳内表层的蛋白薄膜，然后把蛋

壳放于烧杯中用小火(或在 105 ℃ 干燥箱中)烤干,研成粉末。

2. 蛋壳的称量

自拟定蛋壳称蛋范围的试验方案。

3. Ca、Mg 总量的测定

准确称取一定量的蛋壳粉末(约 0.5 g),小心滴加 6 mol/L 的 HCl 4~5 ml,微火加热至完全溶解(少量蛋白膜不溶),冷却,转移至 250 mL 容量瓶,稀释至接近刻度线,若有泡沫,滴加 2~3 滴 95% 乙醇,泡沫消除后,滴加水至刻度线,摇匀。

吸取试液 25 mL 置于 250 mL 锥形瓶中,分别加去离子水 20 mL、三乙醇胺 5 mL,摇匀。再加 NH_4Cl-NH_3·H_2O 缓冲溶液 10 mL,摇匀。放入少量铬黑 T 指示剂,用 0.02 mol/L 的 EDTA 标准溶液滴定至溶液由酒红色变纯蓝色即达终点。根据 EDTA 消耗的体积计算 Ca^{2+}、Mg^{2+} 的总量,以 CaO 的含量表示。

4. 结果计算

$$w(\text{CaO}) = \frac{c(\text{EDTA})V(\text{EDTA}) \times 56.08}{m_s \times 1000} \times 10$$

式中,$w(\text{CaO})$ 为试样中 CaO 的质量分数,%;m_s 为试样品质量,g。

思考题

1. 如何确定蛋壳粉末的称量范围?
2. 蛋壳粉末溶解稀释时为何加 95% 乙醇可以消除泡沫?
3. 试列出求 Ca、Mg 总量的计算式(以 CaO 含量表示)。

方法 Ⅱ 酸碱滴定法测定蛋壳中 CaO 的含量

一、实验目的

1. 学习用酸碱滴定法测定 CaO 的原理及指示剂选择;
2. 巩固滴定分析基本操作。

二、实验原理

蛋壳中的钙主要以 $CaCO_3$ 形式存在,同时也有 $MgCO_3$。碳酸盐能与 HCl 发生如下反应,过量的酸可用 NaOH 标准溶液回滴。

$$CaCO_3 + 2H^+ = Ca^{2+} + CO_2 \uparrow + H_2O$$

$$MgCO_3 + 2H^+ = Mg^{2+} + CO_2 \uparrow + H_2O$$

据实际与 $CaCO_3$ 反应的盐酸标准溶液的体积可求得蛋壳中 $CaCO_3$ 的含量,可以 CaO 的含量表示蛋壳中 Ca、Mg 的总量。

三、实验用品

1. 试剂

浓 HCl,$NaOH$、0.1% 甲基橙,基准物质 Na_2CO_3。

2. 仪器

锥形瓶,滴定管,移液管,容量瓶,分析天平,电子台秤,干燥器,干燥箱等。

四、实验步骤

准确称取经预处理的蛋壳 0.3 g(精确到 0.1 mg)于 3 个锥形瓶内,用酸式滴定管逐滴加入已标定好的 HCl 标准溶液 35 mL 左右(需精确读数),小火加热溶解①,冷却,加甲基橙指示剂 1~2 滴,以 NaOH 标准溶液回滴至橙黄色。

五、实验结果

按下式计算 $w(CaO)$(质量分数):

$$w(CaO) = \frac{\left[c(HCl)V(HCl) - c(NaOH)V(NaOH)M(CaO) \right]}{2m_s \times 1000}$$

式中,$w(CaO)$ 为试样中(CaO)的质量分数,%;$M(CaO)$ 为 CaO 的摩尔质量,g/mol;m_s 为试样的质量,g。

思考题

1. 蛋壳称样量为多少?依据什么估算?

2. 蛋壳溶解时应注意什么?

3. 为什么说 $w(CaO)$ 表示 Ca、Mg 的总量?

————————————

① 由于酸较稀,溶解时需加热一定时间,试样中有不溶物,如蛋白质等,但不影响测定。

方法Ⅲ 高锰酸钾法测定蛋壳中 CaO 的含量

一、实验目的

1.学习用氧化还原法测定蛋壳中 CaO 的含量；
2.巩固沉淀分离、过滤洗涤与滴定分析基本操作。

二、实验原理

蛋壳中的 Ca 与草酸盐形成难溶的草酸盐沉淀,将沉淀经过滤洗涤分离后溶解,可以用高锰酸钾法测定 $C_2O_4^{2-}$ 的含量,再换算出 CaO 的含量。反应如下:

$$Ca^{2+} + C_2O_4^{2-} = CaC_2O_4 \downarrow$$

$$CaC_2O_4 + H_2SO_4 = CaC_2O_4 + H_2C_2O_4$$

$$5H_2C_2O_4 + 2MnO_4^- + 6H^+ = 2Mn^{2+} + 10CO_2 \uparrow + 8H_2O$$

某些金属离子(如 Ba^{2+}、Sr^{2+}、Mg^{2+}、Pb^{2+}、Cd^{2+} 等)与 $C_2O_4^{2-}$ 能形成沉淀,对测定 Ca^{2+} 有干扰。

三、实验用品

1.试剂

0.01 mol/L 的 $KMnO_4$,2.5％(NH_4)$_2C_2O_4$,10％氨水,浓盐酸,1 mol/L 的 H_2SO_4 溶液,1∶1HCl 溶液,0.2％甲基橙,0.1 mol/L 的 $AgNO_3$。

2.仪器

天平,称量纸,烧杯,锥形瓶,酸式滴定管,水浴等。

四、实验步骤

准确称取蛋壳粉 2 份(每份含钙约 0.025 g),分别放在 250 mL 烧杯中,加 1∶1 的 HCl 溶液 3mL,加 H_2O 20 mL,加热溶解。若有不溶解蛋白质,可过滤除去。滤液置于烧杯中,加入 2.5％草酸铵溶液 50 mL,若出现沉淀,再滴加浓 HCl 使之溶解,然后加热至 70~80 ℃加入 2~3 滴甲基橙,溶液呈红色。逐滴加入 10％氨水,不断搅拌,直至溶液变黄色并有氨味逸出为止。将溶液放置陈化(或在水浴上加热 30 min 陈化),沉淀经过滤洗涤,直至无 Cl^-。然后,将带有沉淀的滤纸铺在先前用来进行沉淀的烧杯内壁上,用 1 mol/L 的 H_2SO_4 溶液 50 mL 把沉淀由滤纸洗入烧杯中,再用洗瓶吹洗 1～2 次。然后,稀释溶液至体积约为 100 mL,加热至 70～80 ℃,用高锰酸钾标准溶液滴定至溶液呈浅红色为终点,再把滤纸推入溶液中,再滴加高锰酸钾至浅红色在 30 s 内不褪色为止。记录数据,计算 CaO 的质量分数,要求相对偏差小于 0.3%。

五、实验结果

按下式计算 $w(CaO)$(质量分数):

$$w(CaO) = \frac{5c(KMnO_4)V(KMnO_4)M(CaO)}{2 \times 1000m_s} \times 100\%$$

式中各符号的意义同前。

思考题

1. 用 $(NH_4)_2C_2O_4$ 沉淀 Ca^{2+},为什么要先在酸性溶液中加入沉淀剂,然后在 70～80 ℃时滴加氨水至甲基橙变黄,使 CaC_2O_4 沉淀?

2. 为什么沉淀要洗至无 Cl^- 为止?

3. 如果将带有 CaC_2O_4 沉淀的滤纸一起投入烧杯,以硫酸处理后再用 $KMnO_4$ 滴定,会对结果有什么影响?

4. 试比较三种方法测定蛋壳中 CaO 含量的优缺点。

实验三　漂白粉中有效氯的测定

一、实验原理

漂白粉主要成分为 $3Ca(ClO)_2 \cdot 2Ca(OH)_2 \cdot nH_2O$,其有效氯是影响产品质量的关键指标。用过量的盐酸和漂白粉作用放出氯气,具有漂白、杀菌的作用,故称之为"有效氯"。漂白粉的质量好坏是以有效氯的含量为衡量标准的。

测定漂白粉中有效氯是在酸性条件下,漂白粉与 KI 反应,生成定量的 I_2,可以用 $Na_2S_2O_3$ 标准溶液滴定生成的 I_2,反应式如下:

$$Ca(ClO)_2 + 4KI + 4H^+ \longrightarrow CaCl_2 + 4K^+ + 2I_2 + 2H_2O$$

$$I_2 + 2Na_2S_2O_3 \longrightarrow Na_2S_4O_6 + 2NaI$$

二、实验步骤

1.在教师指导下,通过查阅资料拟定实验课题,设计实验方案。设计报告包括选题和实验方案拟定两个部分。设计报告中应包括实验原理、实验方法、实验步骤等,并列出所需要的实验用品详细。

2.完成实验后,提交详细的实验报告。

思考题

1.如何确定漂白粉样品的称量范围?

2.碘量法测定时引起误差的来源主要有哪些?

3.如何配制和保存 $Na_2S_2O_3$ 溶液?

实验四　洗衣粉中含磷量与碱度的测定

一、实验原理

洗衣粉中的磷酸盐是理想的助洗剂,它具有螯合作用,起到软化水、分散、乳化等作用,使洗衣粉具有一定的去污力并防止洗衣粉结块。随着河流湖泊的"过肥化",洗涤用品中的磷酸盐是目前唯一受到立法限制的对象,因此粉状洗涤剂中总五氧化二磷含量是一个重要指标,常用的检验方法有分光光度法和重量法。

洗衣粉的 pH 一般为 9.5~10.5;若 pH>11,碱性太强,最损害织物的纤维;若 pH<9.5,碱性太弱,使它渗入织物纤维间的能力减弱,从而影响洗涤效能。

二、实验步骤

1.设计报告包括洗衣粉中含磷量的测定方案与碱度的测定方案两个部分,设计报告应写明实验原理、方法、步骤、实验结果的计算方法等,列出所需的实验用品。

2.完成实验,提交实验报告。

思考题

1.如何测定洗衣粉中的含磷量?

2.如何测定洗衣粉的 pH?

实验五　应用配位滴定的设计实验

一、实验原理

配位滴定是以配位反应为基础的一种滴定分析方法,可用于单一金属离子的测定,也可以对混合离子进行选择性滴定或者分别滴定。

配位滴定法应用十分广泛,可以采用不同的方式进行滴定,如:直接滴定法、间接滴定法、置换滴定法和返滴定法等。

配位滴定分析中所使用的氨羧配位剂对滴定反应的条件要求十分严格,实验中要特别注意实验体系的测试条件。

二、实验步骤

1.在教师指导下,通过查阅资料拟定实验课题、设计实验方案。

设计报告包括选题和实验方案拟定两个部分。设计报告中应包括实验原理、实验方法、实验步骤等,并列出所需要的实验用品详细。

2.完成实验后,提交详细的实验报告。

思考题

1.配位反应有哪些特点?

2.怎样选择配位滴定中的适宜酸度?

3.常用的金属指示剂有哪些? 使用的条件是什么?

4.配位滴定中常用的掩蔽方法有哪些?

实验六　应用氧化还原滴定的设计实验

一、实验原理

氧化还原滴定法是以溶液中氧化剂和还原剂之间的电子转移为基础的一种滴定分析方法。与酸碱滴定法和配位滴定法相比较,氧化还原滴定法应用非常广泛,它不仅可用于无机分析,而且可以广泛用于有机分析,许多具有氧化性或还原性的有机化合物可以用氧化还原滴定法来加以测定。

油浴氧化还原滴定的机理比较复杂,有些反应速率较慢,有些反应的介质会影响滴定反应的进行,有时还伴随有各种各样的副反应。因此,在应用氧化还原法时,要充分考虑反应机理、反应速率、反应条件以及滴定条件等。

二、实验步骤

1.在教师指导下,通过查阅资料拟定实验课题,设计实验方案。

设计报告包括选题和实验方案拟定两个部分。设计报告中应包括实验原理、实验方法、实验步骤等,并列出所需要的实验用品详细。

2.完成实验,提交详细的实验报告。

思考题

1.可用于氧化还原滴定的化学反应有哪些要求?

2.常用的氧化还原滴定方法有哪几类?其基本原理是什么?

3.常用的氧化还原滴定中常用的指示剂有哪些?怎样选择氧化还原滴定中的指示剂?

实验七　含铬工业废水的处理以及水质检测

一、实验原理

铬是人体必需的微量元素。与其它控制代谢的物质一起配合起作用(如激素、胰岛素、各种酶类、细胞的基因物质等),可以控制血糖水平、保护心血管、控制体重。

铬的毒性与其存在的价态有关。三价铬对人体几乎不产生有害作用,六价铬对人主要是慢性毒害,它可以通过消化道、呼吸道、皮肤和粘膜侵入人体,在体内主要积聚在肝、肾、内分泌腺或者肺部,诱发皮肤溃疡、贫血、肾炎以及神经炎等。

铬在天然食品中的含量较低,均以三价的形式存在;天然水中不含铬,海水中铬的平均浓度为 $0.05\ \mu g/L$。铬的污染源主要有含铬矿石的加工、金属表面的处理、皮革鞣制、印染等排放的污水。

六价铬的除去方法:首先在酸性条件下用还原剂将六价铬还原为三价铬,然后在碱性条件下将三价铬沉淀为氢氧化铬,再过滤除去铬的沉淀物。

被六价铬严重污染的水通常呈黄色,根据黄色深浅程度不同可以初步判定水体受污染的程度。刚出现黄色时,六价铬的浓度为 $2.5 \sim 3.0 mg/L$。实验室中,常用高锰酸钾氧化-二苯碳酰二肼光度法（GB 7466—87)测定水体中的总铬含量。

二、实验步骤

1.在教师指导下,通过查阅资料拟定实验课题,设计实验方案。

设计报告包括选题和实验方案拟定两个部分。设计报告中应包括实验原理、实验方法、实验步骤等,并列出所需要的实验用品详细。

2.完成实验,提交详细的实验报告。

思考题

1.处理废水时,可以采用哪些还原剂?

2.测定污水总铬含量时,溶液的 pH 怎样调节?

实验八　氮肥中氮含量的测定

一、实验原理

氮肥是农业生产中需要量最大的化肥品种,它对提高作物产量、改善农产品的质量有重要作用。中国氮肥种类主要包括尿素、硝铵、碳铵、硫铵等,其中尿素是主要品种,占中国氮肥总消费量的 60% 以上。

尿素中的氮可以用甲醛法测定。

二、实验步骤

1.在教师指导下,通过查阅资料拟定实验课题,设计实验方案。

设计报告包括选题和实验方案拟定两个部分。设计报告中应包括实验原理、实验方法、实验步骤等,并列出所需要的实验用品详细。

2. 完成实验,提交详细的实验报告。

思考题

1.怎样规定称取试样的质量范围? 遵循什么原则?

2.本实验中选取哪种指示剂? 为什么?

附　录

附录1　国际原子量表

元素		相对原子质量	元素		相对原子质量	元素		相对原子质量	元素		相对原子质量
符号	名称		符号	名称		符号	名称		符号	名称	
Ac	锕	[227]	Er	铒	167.26	Mn	锰	54.93805	Ru	钌	101.07
Ag	银	107.8682	Es	锿	[254]	Mo	钼	95.94	S	硫	32.066
Al	铝	26.98154	Eu	铕	151.965	N	氮	14.00674	Sb	锑	121.75
Am	镅	[243]	F	氟	18.99840	Na	钠	22.98977	Sc	钪	44.95591
Ar	氩	39.948	Fe	铁	55.847	Nb	铌	92.90638	Se	硒	78.96
As	砷	74.92159	Fm	镄	[257]	Nd	钕	144.24	Si	硅	28.0855
At	砹	[210]	Fr	钫	[223]	Ne	氖	20.1797	Sm	钐	150.36
Au	金	196.96654	Ga	镓	69.723	Ni	镍	58.69	Sn	锡	118.710
B	硼	10.811	Gd	钆	157.25	No	锘	[254]	Sr	锶	87.62
Ba	钡	137.327	Ge	锗	72.61	Np	镎	237.0482	Ta	钽	180.9479
Be	铍	9.01218	H	氢	1.00794	O	氧	15.9994	Tb	铽	158.92534
Bi	铋	208.98037	He	氦	4.00260	Os	锇	190.2	Tc	锝	98.9062
Bk	锫	[247]	Hf	铪	178.49	P	磷	30.97376	Te	碲	127.60
Br	溴	79.904	Hg	汞	200.59	Pa	镁	231.03588	Th	钍	232.0381
C	碳	12.011	Ho	钬	164.93032	Pb	铅	207.2	Ti	钛	47.88
Ca	钙	40.078	I	碘	126.90447	Pd	钯	106.42	T1	铊	204.3833
Cd	镉	112.411	In	铟	114.82	Pm	钷	[145]	Tm	铥	168.93421
Ce	铈	140.115	Ir	铱	192.22	Po	钋	[~210]	U	铀	238.0289
Cf	锎	[251]	K	钾	39.0983	Pr	镨	140.90765	V	钒	50.9415
Cl	氯	35.4527	Kr	氪	83.80	Pt	铂	195.08	W	钨	183.85
Cm	锔	[247]	La	镧	138.9055	Pu	钚	[244]	Xe	氙	131.29

元素		原子量	元素		原子量	元素		原子量	元素		原子量
符号	名称		符号	名称		符号	名称		符号	名称	
Co	钴	58.93320	Li	锂	6.941	Ra	镭	226.0254	Y	钇	88.90585
Cr	铬	51.9961	Lr	铹	[257]	Rb	铷	85.4678	Yb	镱	173.04
Cs	铯	132.90543	Lu	镥	174.967	Re	铼	186.207	Zn	锌	65.39
Cu	铜	63.546	Md	钔	[256]	Rh	铑	102.90550	Zr	锆	91.224
Dy	镝	162.50	Mg	镁	24.3050	Rn	氡	[222]			

附录2 一些化合物的相对分子质量

化合物	相对分子质量	化合物	相对分子质量
AgBr	187.78	$CuSO_4$	159.61
AgCl	143.32	$FeCl_3$	162.21
AgCN	133.84	FeO	71.85
Ag_2CrO_4	331.73	Fe_2O_3	159.69
AgI	234.77	Fe_3O_4	231.54
$AgNO_3$	169.87	$FeSO_4 \cdot H_2O$	169.93
AgSCN	165.95	$FeSO_4 \cdot 7H_2O$	278.02
Al_2O_3	101.96	$Fe_2(SO_4)_3$	399.89
$Al_2(SO_4)_3$	342.15	$FeSO_4 \cdot (NH_4)_2SO_4 \cdot 6H_2O$	392.14
$BaCl_2$	208.24	HBr	80.91
$BaCl_2 \cdot 2H_2O$	244.27	$H_2C_4H_4O_6$(酒石酸)	150.09
$BaCrO_4$	253.32	HCN	27.03
$Ba(OH)_2$	171.35	H_2CO_3	62.03
$BaSO_4$	233.39	$H_2C_2O_4$	90.04
$CaCO_3$	100.09	$H_2C_2O_4 \cdot 2H_2O$	126.07
CaC_2O_4	128.10	HCOOH	46.03
$CaCl_2$	110.99	HCl	36.46
$CaCl_2 \cdot H_2O$	129.00	$HClO_4$	100.46
$Ca(NO_3)_2$	164.09	HF	20.01
CaO	56.08	HI	127.91
$Ca(OH)_2$	74.09	HNO_2	47.01
$CaSO_4$	136.14	HNO_3	63.01
$Ce(SO_4)_2$	332.24	H_2O	18.02
CH_3COOH	60.05	H_2O_2	34.02
CH_3OH	32.04	H_3PO_4	98.00
CH_3COCH_3	58.08	H_2S	34.08
$C_6H_4COOHCOOK$	204.23	H_2SO_3	82.08
（苯二甲酸氢钾）		H_2SO_4	98.08
CH_3COONa	82.03	$HgCl_2$	271.50
C_6H_5OH	94.11	Hg_2Cl_2	472.09
CO_2	44.01	$KAl(SO_4)_2 \cdot 12H_2O$	474.39
CuO	79.54	KBr	119.01
Cu_2O	143.09	$KBrO_3$	167.01

化合物	相对分子质量	化合物	相对分子质量
KCN	65.12	NaH_2PO_4	119.98
K_2CO_3	138.21	Na_2HPO_4	141.96
KCl	74.56	$Na_2H_2Y \cdot 2H_2O$	372.26
$KClO_3$	122.55	（EDTA 二钠盐）	
$KClO_4$	138.55	NaOH	40.01
K_2CrO_4	194.20	Na_3PO_4	163.94
$K_2Cr_2O_7$	294.19	Na_2SO_4	142.04
$KHC_2O_4 \cdot H_2O$	146.14	$Na_2S_2O_3$	158.11
KI	166.01	$Na_2S_2O_3 \cdot 5H_2O$	248.19
KIO_3	214.00	NH_3	17.03
$KMnO_4$	158.04	NH_4Cl	53.49
KOH	56.11	$NH_3 \cdot H_2O$	35.05
KSCN	97.18	$(NH_4)Fe(SO_4)_2 \cdot 12H_2O$	482.20
K_2SO_4	174.26	$(NH_4)_2HPO_4$	132.05
$MgCO_3$	84.32	NH_4SCN	76.12
$MgCl_2$	95.21	$(NH_4)_2SO_4$	132.14
MgO	40.31	P_2O_5	141.95
MnO_2	86.94	$PbCrO_4$	323.18
$Na_2B_4O_7$	201.22	PbO	223.19
$Na_2B_4O_7 \cdot 10H_2O$	381.37	$PbSO_4$	303.26
NaBr	102.90	SO_2	64.06
NaCN	49.01	SO_3	80.06
Na_2CO_3	105.99	$SnCl_2$	189.60
$Na_2C_2O_4$	134.00	$ZnCl_2$	136.30
NaCl	58.44	$ZnSO_4$	161.45
$NaHCO_3$	84.01		

附录3　酸、碱的解离常数(298.15 K)

(1)弱酸的解离常数

弱酸	解离常数
H_3AsO_4	$K_{a1}=5.7\times10^{-3}$；$K_{a2}=1.7\times10^{-7}$；$K_{a3}=2.5\times10^{-12}$
H_3AsO_3	$K_{a1}=5.9\times10^{-10}$；
H_2CO_3	$K_{a1}=4.2\times10^{-7}$；$K_{a2}=4.7\times10^{-11}$
HCN	5.8×10^{-10}
HOCl	2.8×10^{-8}
HF	6.9×10^{-4}
HOI	2.4×10^{-11}
HIO_3	0.16
HNO_2	6.0×10^{-4}
HN_3	2.4×10^{-5}
H_2O_2	$K_{a1}=2.0\times10^{-12}$
H_2SO_4	$K_{a2}=1.0\times10^{-2}$
H_2SO_3	$K_{a1}=1.7\times10^{-2}$；$K_{a2}=6.0\times10^{-8}$
H_2S	$K_{a1}=8.9\times10^{-8}$；$K_{a2}=7.1\times10^{-19}$
$H_2C_2O_4$(草酸)	$K_{a1}=5.4\times10^{-2}$；$K_{a2}=5.4\times10^{-5}$
HCOOH(甲酸)	1.8×10^{-4}
HAc(乙酸)	1.8×10^{-5}
$ClCH_2COOH_3$(氯乙酸)	1.4×10^{-3}
EDTA	$K_{a1}=1.0\times10^{-2}$；$K_{a2}=2.1\times10^{-3}$；$K_{a3}=6.9\times10^{-7}$；$K_{a4}=5.9\times10^{-11}$

(2)弱碱的解离常数

弱碱	解离常数
氨	1.8×10^{-5}
联氨	9.8×10^{-7}
羟氨	9.1×10^{-9}
甲胺	4.2×10^{-4}
苯胺	4×10^{-10}
六次甲基四胺	1.4×10^{-9}

附录4 常见难溶化合物的溶度积常数(298.15 K)

化学式	K_{sp}	化学式	K_{sp}
AgBr	5.3×10^{-13}	$FeCO_3$	3.1×10^{-11}
AgCl	1.8×10^{-10}	$Fe(OH)_2$	4.86×10^{-17}
Ag_2CO_3	8.3×10^{-12}	$Fe(OH)_3$	2.8×10^{-39}
Ag_2CrO_4	1.1×10^{-12}	$HgBr_2$	6.3×10^{-20}
AgCN	5.9×10^{-17}	Hg_2Cl_2	1.4×10^{-18}
$Ag_kC_2O_4$	5.3×10^{-12}	Hg_2I_2	5.3×10^{-29}
$AgIO_3$	3.1×10^{-8}	Hg_2SO_4	7.9×10^{-7}
AgI	8.3×10^{-17}	$MgCO_3$	6.8×10^{-6}
Ag_3PO_4	8.7×10^{-17}	MgF_2	7.4×10^{-11}
AgSCN	1.0×10^{-12}	$Mg(OH)_2$	5.1×10^{-12}
$Al(OH)_3$(无定形)	(1.3×10^{-33})	$Mg_3(PO_4)_2$	1.0×10^{-24}
$BaCO_3$	2.6×10^{-9}	$MnCO_3$	2.2×10^{-11}
$BaCrO_4$	1.2×10^{-10}	$Mn(OH)_2$	2.1×10^{-13}
$BaSO_4$	1.1×10^{-10}	$NiCO_3$	1.4×10^{-7}
$CaCO_3$	4.9×10^{-9}	$Ni(OH)_2$	5.0×10^{-16}
$CaC_2O_4 \cdot H_2O$	2.3×10^{-9}	$PbCO_3$	1.5×10^{-13}
$CaCrO_4$	(7.1×10^{-4})	$Pb(OH)_2$	1.4×10^{-20}
CaF_2	1.5×10^{-10}	$PbBr_2$	6.6×10^{-6}
$CaHPO_4$	1.8×10^{-7}	$PbCl_2$	1.7×10^{-5}
$Ca_3(PO_4)_2$(低温)	2.1×10^{-33}	$PbCrO_4$	2.8×10^{-13}
$CaSO_4$	7.1×10^{-5}	PbI_2	8.4×10^{-9}
$Cr(OH)_3$	(6.3×10^{-31})	$SrCO_3$	5.6×10^{-10}
CuCl	1.7×10^{-7}	$SrCrO_4$	(2.2×10^{-5})
CuBr	6.9×10^{-9}	$SrSO_4$	3.4×10^{-7}
CuI	1.2×10^{-12}	$ZnCO_3$	1.2×10^{-10}
CuSCN	1.8×10^{-13}	$Zn(OH)_2$	6.8×10^{-17}
$Cu_2P_2O_7$	7.6×10^{-16}		

附录 5　配合物的标准稳定常数(298.15 K)

配合物	$\lg\beta_n$
氨配合物：	
Cd^{2+}	2.60；　4.65；　6.04；　6.92；　6.6；　4.9
Co^{2+}	2.05；　3.62；　4.61；　5.31；　5.43；　4.75
Cu^{2+}	4.13；　7.61；　10.46；　12.59
Ni^{2+}	2.75；　4.95；　6.64；　7.79；　8.50；　8.49
Zn^{2+}	2.27；　4.61；　7.01；　9.06
氟配合物：	
Al^{3+}	6.1；　11.15；　15.0；　17.7；　19.4；　19.7
Fe^{3+}	5.2；　9.2；　11.9
Sn^{4+}	25
TiO^{2+}	5.4；　9.8；　13.7；　17.4
Th^{4+}	7.7；　13.5；　18.0
Zr^{4+}	8.8；　16.1；　21.9
氯配合物：	
Ag^+	2.9；　4.7；　5.0；　5.9
Hg^{2+}	6.7；　13.2；　14.1；　15.1
碘配合物：	
Cd^{2+}	2.4；　3.4；　5.0；　6.15
Hg^{2+}	12.9；　23.8；　27.6；　29.8
硫氰酸配合物：	
Fe^{3+}	2.3；　4.5；　5.6；　6.4；　6.4
Hg^{2+}	16.1；　19.0；　20.9
硫代硫酸配合物：	
Ag^+	8.82；　13.5
Hg^{2+}	29.86；　32.26

附录 6 标准电极电势 (298.15 K)

电极反应（氧化型 + ze^- ⇌ 还原型）	$E^{\ominus}/V$
$Li^+(aq) + e^- \rightleftharpoons Li(s)$	-3.040
$Cs^+(aq) + e^- \rightleftharpoons Cs(s)$	-3.027
$Rb^+(aq) + e^- \rightleftharpoons Rb(s)$	-2.943
$K^+(aq) + e^- \rightleftharpoons K(s)$	-2.936
$Ra^{2+}(aq) + 2e^- \rightleftharpoons Ra(s)$	-2.910
$Ba^{2+}(aq) + 2e^- \rightleftharpoons Ba(s)$	-2.906
$Sr^{2+}(aq) + 2e^- \rightleftharpoons Sr(s)$	-2.899
$Ca^{2+}(aq) + 2e^- \rightleftharpoons Ca(s)$	-2.869
$Na^+(aq) + e^- \rightleftharpoons Na(s)$	-2.714
$La^{3+}(aq) + 3e^- \rightleftharpoons La(s)$	-2.362
$Mg^{2+}(aq) + 2e^- \rightleftharpoons Mg(s)$	-2.357
$Sc^{3+}(aq) + 3e^- \rightleftharpoons Sc(s)$	-2.027
$Be^{2+}(aq) + 2e^- \rightleftharpoons Be(s)$	-1.968
$Al^{3+}(aq) + 3e^- \rightleftharpoons Al(s)$	-1.68
$Mn^{2+}(aq) + 2e^- \rightleftharpoons Mn(s)$	-1.182
$SO_4^{2+} + H_2O(l) + 2e^- \rightleftharpoons SO_3^{2+}(aq) + 2OH^-(ag)$	-0.9362
$Fe(OH)_2(s) + 2e^- \rightleftharpoons Fe(s) + 2OH^-$	-0.8914
$Zn^{2+}(aq) + 2e^- \rightleftharpoons Zn(s)$	-0.7621
$Cr^{3+}(aq) + 3e^- \rightleftharpoons Cr(s)$	(-0.74)
$2CO_2 + 2H^+(aq) + 2e^- \rightleftharpoons H_2C_2O_4$	-0.5950
$2SO_3^{2+}(aq) + 3H_2O(l) + 4e^- \rightleftharpoons S_2O_3^{2+}(aq) + 6OH^-(aq)$	-0.5659
$Ga^{3+}(aq) + 3e^- \rightleftharpoons Ga(s)$	-0.5493
$Fe(OH)_3(s) + e^- \rightleftharpoons Fe(OH)_2(s) + OH^-(aq)$	-0.5468
$S(s) + 2e^- \rightleftharpoons S^{2-}(aq)$	-0.445
$Cr^{3+}(aq) + e^- \rightleftharpoons Cr^{2+}(aq)$	-0.4089
$Fe^{2+}(aq) + 2e^- \rightleftharpoons Fe(s)$	-0.4089
$Ag(CN)_2^- + e^- \rightleftharpoons Ag(s) + 2CN^-(aq)$	-0.4073

无机与分析化学实验

电极反应（氧化型 + ze^- ⇌ 还原型）	$E^\ominus/V$
$Cd^{2+}(aq) + 2e^- \rightleftharpoons Cd(s)$	-0.4022
$PbI_2(s) + 2e^- \rightleftharpoons Pb(s) + 2I^-$	-0.3653
$PbSO_4(s) + 2e^- \rightleftharpoons Pb(s) + SO_4^{2-}(aq)$	-0.3555
$Co^{2+}(aq) + 2e^- \rightleftharpoons Co(s)$	-0.282
$PbBr_2(s) + 2e^- \rightleftharpoons Pb(s) + 2Br^-(aq)$	-0.2798
$PbCl_2(s) + 2e^- \rightleftharpoons Pb(s) + 2Cl^-(aq)$	-0.2676
$Ni^{2+}(aq) + 2e^- \rightleftharpoons Ni(s)$	-0.2363
$CuI(s) + e^- \rightleftharpoons Cu(s) + I^-(aq)$	-0.1858
$AgCN(s) + e^- \rightleftharpoons Ag(s) + CN^-(aq)$	-0.1606
$AgI(s) + e^- \rightleftharpoons Ag(s) + I^-(aq)$	-0.1515
$Sn^{2+}(aq) + 2e^- \rightleftharpoons Sn(s)$	-0.1410
$Pb^{2+}(aq) + 2e^- \rightleftharpoons Pb(s)$	-0.1266
$[HgI_4]^{2-}(aq) + 2e^- \rightleftharpoons Hg(l) + 4I^-(aq)$	-0.02809
$2H^+(aq) + 2e^- \rightleftharpoons H_2(g)$	0
$S_4O_6^{2-}(aq) + 2e^- \rightleftharpoons 2S_2O_3^{2-}$	0.02384
$AgBr(s) + e^- \rightleftharpoons Ag(s) + Br^-(aq)$	0.07317
$S(s) + 2H^+(aq) + 2e^- \rightleftharpoons H_2S(aq))$	0.1442
$Sn^{4+}(aq) + 2e^- \rightleftharpoons Sn^{2+}(aq)$	0.1539
$SO_4^{2+} + 4H^+(aq) + 6e^- \rightleftharpoons H_2SO_3(aq) + H_2O(l)$	0.1576
$Cu^{2+}(aq) + e^- \rightleftharpoons Cu^+ + (aq)$	0.1607
$AgCl(a) + e^- \rightleftharpoons Ag(s) + Cl^-$	0.2222
$[HgBr_4]^{2-}(aq) + 2e^- \rightleftharpoons Hg(l) + 4Br^-(aq)$	0.2318
$PbO_2(s) + H_2O(l) + 2e^- \rightleftharpoons PbO(s) + 2OH^-(aq)$	0.2483
$Hg_2Cl_2(aq) + 2e^- \rightleftharpoons 2Hg(l) + 2Cl^-(aq)$	0.2680
$Cu^{2+}(aq) + 2e^- \rightleftharpoons Cu(s)$	0.3394
$Ag_2O(aq) + H_2O(l) + 2e^- \rightleftharpoons 2Ag(s) + 2OH^-(aq)$	0.3428
$[Fe(CN)_6]^{3-}(aq) + e^- \rightleftharpoons [Fe(CN)_6]^{4-}(aq)$	0.3557
$[Ag(NH_3)_2]^+(aq) + e^- \rightleftharpoons Ag(s) + 2NH_3(g)$	0.3719
$ClO_4^-(aq) + H_2O(l) + 2e^- \rightleftharpoons ClO_3^-(aq) + 2OH^-(aq)$	0.3979

电极反应（氧化型＋ ze^- ⇌ 还原型）	$E^{\ominus}/V$
$O_2(g) + 2H_2O(l) + 4e^- \rightleftharpoons 4OH^-(aq)$	0.4009
$2H_2SO_3(aq) + 2H^+(aq) + 4e^- \rightleftharpoons S_2O_3{}^{2+}(aq) + 3H_2O(l)$	0.4101
$Ag_2CrO_4(s) + 2e^- \rightleftharpoons 2Ag(s) + CrO_4{}^{2-}$	0.4456
$2BrO^-(aq) + 2H_2O(l) + 2e^- \rightleftharpoons Br_2(l) + 4OH^-(aq)$	0.4556
$H_2SO_3(aq) + 4H^+(aq) + 4e^- \rightleftharpoons S(s) + 3H_2O(l)$	0.4497
$Cu^+(aq) + e^- \rightleftharpoons Cu(s)$	0.5180
$I_2(s) + 2e^- \rightleftharpoons 2I^-(aq)$	0.5345
$MnO_4^-(aq) + e^- \rightleftharpoons MnO_4{}^{2-}(aq)$	0.5545
$H_3AsO_4(aq) + 2H^+(aq) + 4e^- \rightleftharpoons H_3AsO_4(aq) + H_2O(l)$	0.5748
$MnO_4^-(aq) + 2H_2O(l) + 3e^- \rightleftharpoons MnO_2(s) + 4OH^-(aq)$	0.5965
$BrO_3^-(aq) + 3H_2O(l) + 6e^- \rightleftharpoons Br^-(aq) + 6OH^-(aq)$	0.6126
$MnO_4{}^{2-}(aq) + 2H_2O(l) + 2e^- \rightleftharpoons MnO_2(s) + 4OH^-(aq)$	0.6175
$2HgCl_2(aq) + 2e^- \rightleftharpoons Hg_2Cl_2(s) + 2Cl^-(aq)$	0.6571
$O_2(g) + 2H^+(aq) + 2e^- \rightleftharpoons H_2O_2(aq)$	0.6945
$Fe^{3+}(aq) + e^- \rightleftharpoons Fe^{2+}(aq)$	0.769
$Hg_2{}^{2+}(aq) + 2e^- \rightleftharpoons 2Hg(l)$	0.7956
$NO^{3-}(aq) + 2H^+(aq) + e^- \rightleftharpoons NO_2(g) + H_2O(l)$	0.7989
$Ag^+(aq) + e^- \rightleftharpoons Ag(s)$	0.7991
$Hg_2{}^+(aq) + 2e^- \rightleftharpoons 2Hg(l)$	0.8519
$NO_3^-(aq) + 3H^+(aq) + 2e^- \rightleftharpoons HNO_2(aq) + H_2O(l)$	0.9275
$NO_3^-(aq) + 4H^+(aq) + 3e^- \rightleftharpoons NO(g) + 2H_2O(l)$	0.9637
$Br_2(l) + 2e^- \rightleftharpoons 2Br^-(aq)$	1.0774
$2IO_3^-(aq) + 12H^+(aq) + 10e^- \rightleftharpoons I_2(s) + 6H_2O(l)$	1.209
$O_2(g) + 4H^+(aq) + 4e^- \rightleftharpoons 2H_2O(l)$	1.229
$MnO_2(s) + 4H^+(aq) + 2e^- \rightleftharpoons Mn^{2+} + 2H_2O(l)$	1.2293
$Tl^{3+} + 2e^- \rightleftharpoons Tl^+(aq)$	1.280
$Cr_2O_7{}^{2-}(aq) + 14H^+(aq) + 6e^- \rightleftharpoons 2Cr^{3+}(aq) + 7H_2O(l)$	(1.33)
$Cl_2(g) + 2e^- \rightleftharpoons 2Cl^-(aq)$	1.360

电极反应（氧化型＋ ze^- ⟷ 还原型）	$E^{\ominus}/V$
$PbO_2(aq) + 4H^+(aq) + 2e^- \Longrightarrow Pb^{2+}(aq) + 2H_2O(l)$	1.458
$Au^{3+}(aq) + 3e^- \Longrightarrow Au(s)$	(1.50)
$Mn^{3+}(aq) + e^- \Longrightarrow Mn^{2+}(aq)$	(1.51)
$MnO_4^-(aq) + 8H^+(aq) + 5e^- \Longrightarrow Mn^{2+}(g) + 4H_2O(l)$	1.512
$2BrO_3^-(aq) + 12H^+(aq) + 10e^- \Longrightarrow Br_2(l) + 6H_2O(l)$	1.513
$Cu^{2+}(aq) + 2CN^-(aq) + e^- \Longrightarrow Cu(CN)_2^-(aq)$	1.580
$2HClO(aq) + 2H^+(aq) + 2e^- \Longrightarrow Cl_2(g) + 2H_2O(l)$	1.630
$Au^+(aq) + e^- \Longrightarrow Au(s)$	(1.68)
$MnO_4^-(aq) + 4H^+(aq) + 3e^- \Longrightarrow MnO_2(s) + 2H_2O(l)$	1.700
$H_2O_2(aq) + 2H^+(aq) + 2e^- \Longrightarrow 2H_2O(l)$	1.763
$S_2O_8^{2-}(aq) + 2e^- \Longrightarrow 2SO_4^{2-}$	1.939
$Co^{3+}(aq) + e^- \Longrightarrow Co^{2+}(aq)$	1.95
$Ag^{2+}(aq) + e^- \Longrightarrow Ag^+(aq)$	1.989

附录7 常用的化学网址

一、化学信息与检索

1. 中国科学院科技文献网 http://www.lcc.ac.cn

2. 中国国家图书馆　http://www.nlc.gov.cn

3. 中国科学院情报所网 http://www.bibll.las.ac.cn

4. 中国科技网 http://www.cnc.ac.cn

5. 美国化学会全文期刊数据库 http://219.32.205.34/free-bus/0604acs.htm

6. 中国期刊网 http://www.wh.cnki.net

7. 万方数据资源 http://wanfangdata.com.cn

8. 化学信息网 http://www.chinweb.com

9. 中国化工信息网 http://www.cheminfo.gov.cn

10. 美国化学信息网 http://chemistry.org

二、专利信息与检索

1. 中国专利信息网 http://www.pantent.com.cn

2. 美国专利检索网 http://pantents.uspto.gov

4. 欧洲专利局 http://www.european-pantent-office.org

3. 日本专利检索网:http://www.ipdl.jpo-miti.go.jp

参考文献

[1]商少明,等. 无机及分析化学实验.2 版.北京:化学工业出版社,2014.

[2]俞斌,等. 无机及分析化学实验.2 版.北京:化学工业出版社,2013.

[3]李云涛,等. 无机及分析化学实验.北京:化学工业出版社,2012.

[4]孙尔康,张剑荣,李巧云,等. 无机及分析化学实验.南京:南京大学出版社,2010.

[5]南京大学《无机及分析化学实验》编写组.无机及分析化学实验.4 版.北京:高等教育出版社,2006.

[6]侯海鸽,朱志彪,范乃英. 无机及分析化学实验. 哈尔滨:哈尔滨工业大学出版社,2005.

[7]倪哲明. 新编基础化学实验(Ⅰ)- 无机及分析化学实验.北京:化学工业出版社,2006.

[8]孙毓庆. 分析化学实验.北京:科学出版社,2004.

[9]武汉大学《无机及分析化学实验》编写组.无机及分析化学实验.2 版.武汉:武汉大学出版社,2001.

[10]袁书玉. 无机化学实验.北京:清华大学出版社,1996.

[11]大连理工大学无机化学教研室. 无机化学实验.北京:高等教育出版社,1990.

[12]Bottomley L,Cox C. Chemistry 1310 Laboratory Manual. Plymouth:Hayden-McNeil,2009.